Einleitung

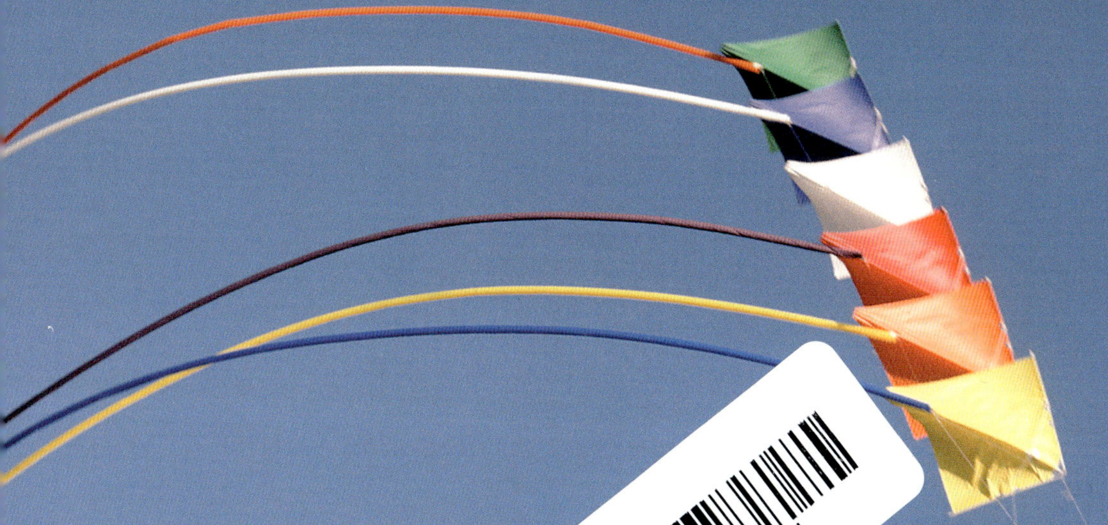

Elegant am Horizont schwebende Drachen in vielen Farben und Formen üben seit jeher ei Faszination auf Menschen jeden Alters aus. Zu Unrecht werden Drachen oft als bloßes Kinderspielzeug angesehen und Erwachsene, die in ihrer Freizeit mit Stäben und Seidenpapier basteln oder mit einer Leine in der Hand über Wiesen und Felder rennen, ziehen manchmal abschätzige Blicke auf sich.

Der Flug eines Drachens unterliegt strengen physikalischen Gesetzen, wie auch Laien schnell feststellen können, wenn sie ihrem Drachen mehr Spielraum geben. Sowohl das Basteln als auch die ersten Flugtests bieten einen idealen Anlass, Eltern und Kinder oder Freunde zusammenzubringen und miteinander Spaß zu haben.

Um einen funktionstüchtigen Drachen zu bauen, braucht man Geduld und Feingefühl. Da Sie sich dieses Buch für Anfänger gekauft haben, wissen Sie wahrscheinlich noch nicht genau, was auf Sie zukommt. Sie dürfen sich aber darauf verlassen, dass Sie in Kürze auch die komplizierteren Modelle nachbauen können, die wir in diesem Buch vorstellen. Vielleicht erfinden Sie sogar ganz neue Konstruktionen.

Mit etwas Übung werden Sie bald die einzelnen Bauteile zusammenfügen können. Es ist noch kein Meister vom (Drachen-)Himmel gefallen und vielleicht müssen auch Sie am Anfang noch den einen oder anderen Misserfolg in Kauf nehmen.

Haben Sie Geduld, lassen Sie sich nicht entmutigen und versuchen Sie es einfach aufs Neue. Manchmal hilft es schon, die Schritte der jeweiligen Anleitung noch einmal nachzulesen, um zum Erfolg zu kommen.

Wir hoffen, dass Sie an diesem Buch Gefallen finden. Sie werden sehen, dass es ein schönes Gefühl ist, etwas mit den eigenen Händen zu schaffen, das vorher nur im Geiste existiert hat, auch wenn das Ergebnis vielleicht nicht absolut perfekt aussieht.

Viel Spaß beim Lesen und viel Erfolg beim Drachenbau!

Massimo Mula

Drachentypen

Die Könige der Lüfte

Drachen lassen sich anhand ihrer Merkmale in verschiedene „Familien" einteilen. Zuerst einmal unterscheidet man Standdrachen, auch Einleiner genannt, und Lenkdrachen. Die Standdrachen heißen so, weil sie, einmal in die Höhe gebracht, wie festgenagelt an einem Punkt stehen bleiben. Der Drachenpilot kann dabei wenig mehr als die Höhe kontrollieren.

Lenkdrachen hingegen sind sehr beweglich und der Pilot selbst kontrolliert ihre Bewegungsrichtung mit Hilfe von 2–4 Steuerleinen. Jedes Jahr finden zahlreiche Drachenfeste statt, bei denen die Teilnehmer versuchen, sich gegenseitig durch zum Teil sehr schwierige Flugmanöver ihrer Drachen zu übertreffen.

Des Weiteren gibt es noch eine Kategorie von Drachen, die weder nur still steht noch sehr beweglich ist, sondern beides zusammen. Dabei handelt es sich um die Kampfdrachen, die zwar Einleiner sind und deshalb wie Standdrachen an einem Punkt fest stehen bleiben, aber, einmal in der Höhe angekommen, ihre Richtung ändern können wie die Lenkdrachen. Diese Drachen kommen ursprünglich aus Asien (Japan, Korea), wo sie noch heute nach alter Tradition in Drachenkämpfen eingesetzt werden. Das Ziel des Kampfes ist es, den gegnerischen Drachen zum Absturz zu bringen. In westlichen Ländern gibt es Drachenkämpfe erst seit einigen Jahren.

Die Standdrachen, auf die wir in diesem Buch näher eingehen, lassen sich selbst anhand ihrer Formen und besonderen Merkmale in verschiedene Untergruppen einteilen.

- **Flachdrachen:** Sie haben nur ein einziges, zusammenhängendes Segel. Ein Beispiel hierfür ist der Rautendrachen.

- **Kastendrachen:** Die „Flügel" stehen im rechten Winkel zum übrigen Drachenkörper und bilden eine Art „Kasten".

- **Zellendrachen:** Ihr Segel besteht aus mehreren einzelnen Zellen. Oftmals werden mehrere gleich große Zellen zu einer Einheit zusammengesetzt, durch die der Drachen stabilisiert wird. Ein typischer Zellendrachen ist der Conyne, für den Sie in diesem Buch eine Bauanleitung finden. Es gibt ihn in vielen verschiedenen Varianten. Gegen Ende des 19. und Anfang des 20. Jahrhunderts führte der Fortschritt im Bau der Zellendrachen letztendlich zur Konstruktion der ersten Flugzeuge.

- **Stablose Drachen:** Sie haben kein Gestänge. Sie werden von der Luft aufgebläht und das gibt ihnen den Auftrieb, den sie zum Fliegen brauchen. So können sogar regelrechte fliegende „Skulpturen" entstehen. Oft sind die stablosen Drachen besonders schön, bunt und vor allem riesig.

Natürlich gibt es auch noch Mischformen wie z. B. den Schlittendrachen (den Sie ebenfalls in diesem Buch beschrieben finden). Er hat zwar ein festes Gestänge, aber das Segel wird vom Wind aufgebläht wie bei einem stablosen Drachen. Es ist sogar möglich, die Stäbe komplett wegzulassen und durch zwei Windsäcke zu ersetzen. So entsteht ein erstklassiger stabloser Drachen.

Die Anleitungen in diesem Buch sind nach aufsteigendem Schwierigkeitsgrad geordnet. Bei den einfachen Grundmodellen finden Sie auch Zeichnungen, die Sie Schritt für Schritt beim Bau begleiten. Beginnen Sie als Anfänger mit diesen Grundmodellen und arbeiten Sie sich dann zu den schwierigeren Modellen vor.

Zunächst möchten wir Sie mit einigen wichtigen Fachbegriffen vertraut machen, die Sie benötigen, um die Anleitungen besser zu verstehen. Diese Begriffe sind in der Zeichnung unten zusammengefasst. Im Folgenden zeigen wir Ihnen nacheinander die einzelnen Teilschritte, die Sie beim Bau eines Drachens tun müssen.

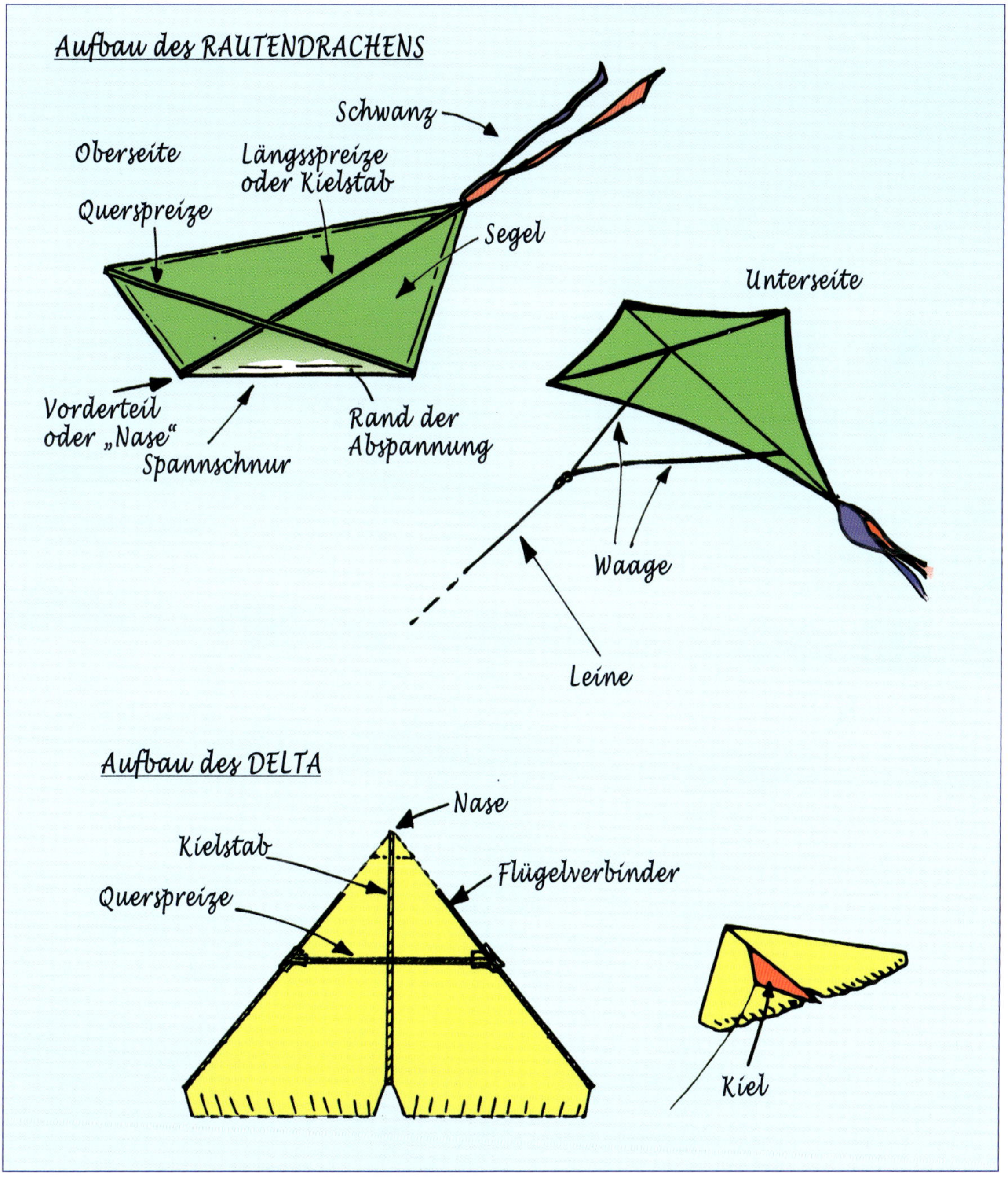

Materialien und Werkzeuge

Bastelspaß mit Krepppapier und Schere

Sind Sie bereit? Kontrollieren sie bitte zuerst, ob alle notwendigen Werkzeuge und Materialien zur Hand sind.
In Ihrer Drachenwerkstatt brauchen Sie auf jeden Fall Folgendes:

- Bleistift
- Schreibblock oder -heft für Skizzen und Notizen
- Lineal und Winkelmaß
- Dünne und dicke Filzstifte, am besten wasserfeste
- Maßband, 2 m lang
- Schere
- Cutter oder Tapetenmesser
- Schleifpapier mit mittlerer (36–80) oder feiner (100–180) Körnung
- Flachfeile für Holz
- Rundfeile für Holz
- Laubsäge mit Universalsägeblatt zum Bearbeiten von Holz oder Metall
- Spitzbohrer (es reicht auch einfach eine große, stabile Nähnadel)
- Transparenter Klebefilm
- Textil- oder Kunststoffklebeband (zum Befestigen an „kritischen" Stellen)
- Für das Segel: Seidenpapier, bunte Plastiktüten oder Kunststoff-Müllsäcke. Für den Notfall genügt auch Zeitungspapier.
- Für den Schwanz: Krepppapier
- Holzstäbe, 60 cm bis 1 m lang, mit unterschiedlichem Durchmesser (4, 6 und 8 mm)
- Kunststoffkleber (am besten geeignet für Holz oder Papier); Alleskleber (wenn Sie auch mit Kunststoff arbeiten)
- Paketschnur
- Fäden aus Nylon, Polyester oder einem anderen widerstandsfähigen Material

Wie Sie sehen, handelt es sich bei den meisten Dingen um Materialien oder Werkzeuge, die Sie mit großer Wahrscheinlichkeit schon im Haus haben, aber bisher für andere Arbeiten benutzt haben. Falls Ihnen etwas fehlt, sollten Sie es im Supermarkt oder im Bastelgeschäft finden. Auch im Internet gibt es gut sortierte Shops für Bastler.
Bei jeder Bauanleitung finden Sie genaue Anweisungen zu den Materialien, die Sie für den jeweiligen Drachen benötigen.

Die Anzahl der kleinen Drachen über dem Namen des Modells gibt Ihnen den Schwierigkeitsgrad an.

leicht und schnell gemacht

braucht etwas Übung

für Anspruchsvolle

Drachenbau

So viel Spaß kann Arbeit machen

Das Gestänge

Das Gestänge bildet die feste, formgebende Grundstruktur des Drachens. Normalerweise wird es entsprechend der Länge der Segel aus verschieden langen Holzstäben gebildet. (Ein größeres Segel bringt mehr Auftrieb, erfordert aber zur Stabilität ein Gestänge mit dickeren Stäben.) Man kann statt mit Holzstäben auch mit Karbonrohren arbeiten. Diese sind allerdings viel teurer und müssen mit größter Sorgfalt bearbeitet werden. Für unsere Zwecke reichen Holzstäbe vollkommen aus, und zwar auch die, die vorher für andere Zwecke in Gebrauch waren, zum Beispiel:

- Für Stäbe von 25–30 cm Länge können Sie gut Schaschlikspieße verwenden. Diese sind aus Bambus, sehr widerstandsfähig und haben nur 3-4 mm Durchmesser. Sie sind allerdings sehr spitz. Deshalb müssen Sie die Spitzen vor der Verwendung abschneiden. Das geht am besten mit einem Messer oder Cutter. Folgen Sie dazu der nebenstehenden Anleitung „Die Bearbeitung der Stäbe".

- Sollten Sie einen größeren und dickeren Stab brauchen (5–6 mm Durchmesser und 60–80 cm lang), dann schauen Sie einfach mal in einen Blumenladen. Dort gibt es Stöcke, sogenannte Pflanzenstäbe, mit denen die wachsenden Pflanzen in ihrem Topf gerade gehalten werden. Sie sehen nicht unbedingt schön aus (und sind oft auch nicht besonders gerade), aber sie sind nicht teuer und sehr robust. Vor dem Gebrauch sollten Sie die unebenen Stellen mit einem Messer abschaben. Entfernen Sie zuerst die größten Unebenheiten und fahren Sie dann mit dem Finger vorsichtig über die Oberfläche. Wenn nötig, können Sie den gesamten Stab zusätzlich mit feinem Schleifpapier glätten.

- Falls Sie noch größere Stäbe oder Leisten brauchen, finden Sie diese beim Schreiner, im Baumarkt oder im Bastelgeschäft. Dort können Sie nicht nur zwischen verschiedenen Holzarten wählen, sondern auch zwischen vielen verschiedenen Formen und Größen. Wir können Ihnen Ramin- oder Buchenholz empfehlen. Beide Hölzer sind hart, widerstandsfähig und nicht allzu teuer. Für Ihre ersten Versuche reicht das sicherlich aus. Auch Bambus ist sehr geeignet, denn es ist widerstandsfähig und biegsam zugleich. Die meisten der in Asien gebauten Drachen haben Gestänge aus Bambus. Allerdings ist Bambus teuer und für Anfänger nicht einfach zu bearbeiten.

Der Bau des Gestänges

Nur mit dem richtigen Gestänge fliegt ein Drachen richtig gut. Arbeiten Sie also sehr sorgfältig!

Die Bearbeitung der Stäbe

Je nach Bauplan brauchen Sie Stäbe verschiedener Länge. Im Handel gibt es allerdings nur Standardgrößen (normalerweise von 50 cm oder 1 m Länge). Mit einem Messer oder Cutter können Sie die Stäbe einfach zurechtschneiden. Ritzen Sie den Stab an der Stelle, an der Sie ihn teilen möchten, rundherum ein und fahren Sie dann so lange immer wieder über die Stelle, bis das Holz dünn genug ist, dass Sie es mit der Hand durchbrechen können. Wenn der Stab mehr als 8 mm Durchmesser hat, sollten Sie eine Säge für Holz oder Metall verwenden.

ACHTUNG:

Diese Arbeit erfordert Geschick im Umgang mit scharfen Werkzeugen und sollte nur von einem Erwachsenen durchgeführt werden.

Wenn das Modell, das Sie bauen, eine Spannschnur benötigt, müssen Sie die Stäbe vor dem Zusammenbau so aufbereiten, dass sie „aufnahmefähig" sind, d. h. dass sie die Abspannung festhalten können, ohne dass diese abrutscht. Wenn es die Holzart zulässt, machen Sie einfach einen tiefen Schnitt durch das eine Ende des Stabes und ritzen Sie auf Höhe der Spaltmitte zwei kleine Kerben von ca. 5 mm Tiefe ein (Bild 1).

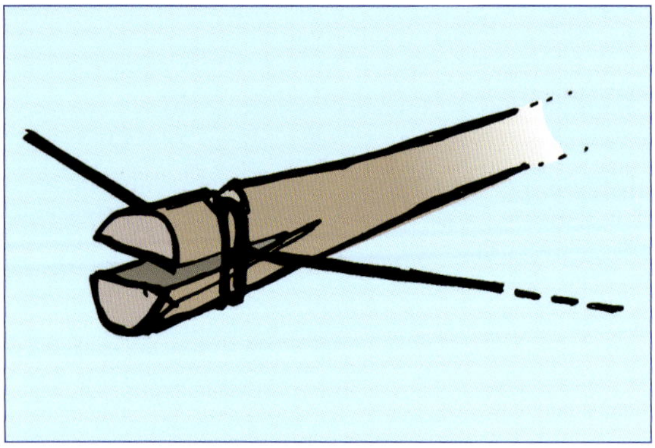

Bild 1: Verbindung durch die Spannschnur

Wenn der Stab aus härterem Holz besteht, ist ein Längsschnitt schwierig. In diesem Fall genügt ein kleiner Einschnitt, in dem Sie die Schnur befestigen können. Sie können auch Pfeilspitzen benutzen (erhältlich in Geschäften für Jagdbedarf) und an den Enden der Stöcke anbringen. Die Pfeilspitzen bilden ein „V", das die Schnur hält. Diese Methode findet häufig Anwendung, wenn man es mit schwer zu bearbeitenden Materialien, wie z. B. Karbonrohren, zu tun hat. Pfeilspitzen lassen sich natürlich auch an normalen Holzstäben anbringen, sind für diese Verwendung allerdings recht kostspielig.

Verbindungen

Das Gestänge vieler Modelle besteht aus zwei oder mehr miteinander verbundenen Stäben. Die einfachste Art der Verbindung wird durch starke Fäden gehalten, und zwar durch die, die man auch bei der Waage verwendet. Dabei werden die Stöcke in die richtige Position gebracht und dann so lange mit dem Faden umwickelt, bis sie fest in der gewünschten Position bleiben. Alternativ lassen sich in manchen Fällen auch röhrenförmige Verbindungsstücke verwenden. Dafür kommen hauptsächlich biegsame Gartenschläuche in Frage. Man braucht dazu ein Stück, das den gleichen Innendurchmesser hat wie der Stab, auf den es montiert werden soll. Schneiden Sie ein 4–5 cm langes Stück ab und bearbeiten Sie es, wie in Bild 2 gezeigt.

Symmetrie

Das Gestänge symmetrisch zu formen, ist nicht einfach. Stellen Sie sich vor, dass Sie den Drachen von der Nase bis zum Schwanz in zwei gleiche Teile schneiden. Das Modell wird nur gut fliegen, wenn die beiden Hälften genau spiegelverkehrt zueinander sind. Um herauszufinden, ob das zutrifft, messen sie einfach vom Mittelkreuz jeweils erst in die eine, dann in die andere Richtung. Wenn die Abstände unterschiedlich sind, so haben Sie irgendwo einen Fehler gemacht. Eine allgemeine Regel lautet: Nichts hält Sie davon ab, einen völlig asymmetrischen Drachen zu bauen. Es wird allerdings schwierig werden, ihn zu perfektionieren.

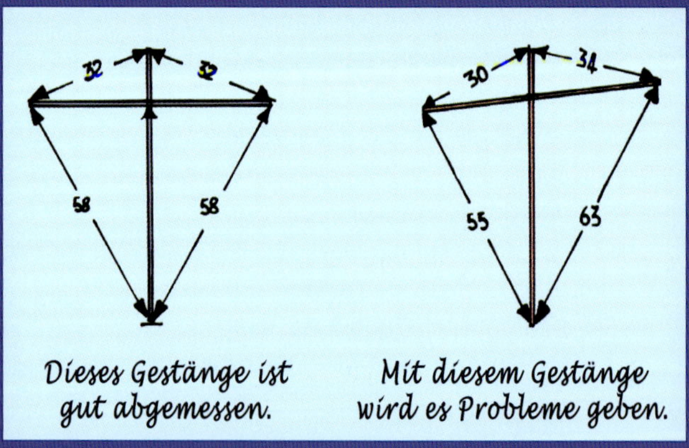

Um zu prüfen, ob Sie gut gearbeitet haben, reicht eine „Kreuzkontrolle".

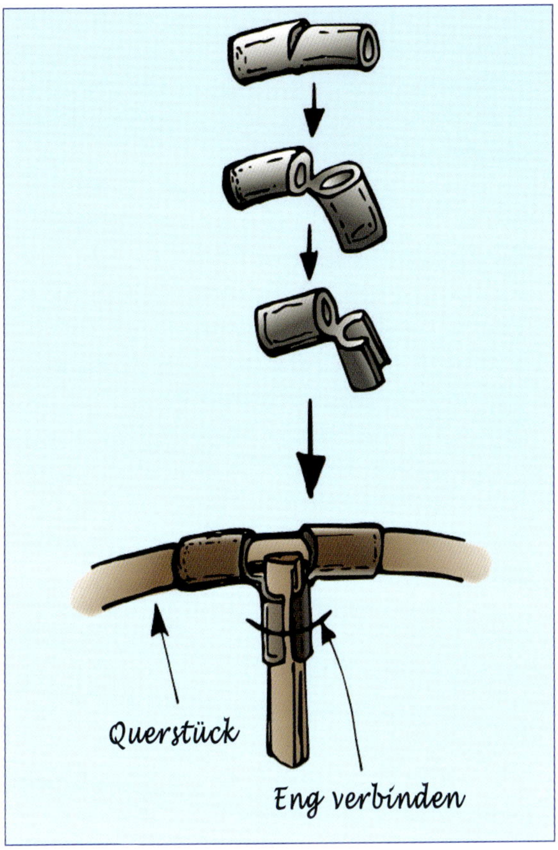

Bild 2: Bau einer Verbindung

Die Abspannung

Die Abspannung ist ein wichtiges Element für den Drachenbau, das aber so gut wie unsichtbar ist, sobald der Drachen durch die Lüfte fliegt. Die Abspannung dient dazu, das Segel zu stützen. Sie verhindert sowohl, dass der Wind das Segel verformen kann, als auch, dass es zerreißt. Die traditionelle Abspannung besteht aus einer Schnur, die an die Enden des Gestänges gespannt wird. So werden die eigentlichen, endgültigen Maße abgesteckt. Die benötigte Fadenstärke hängt von der geplanten Größe des Drachens ab. Bei ganz kleinen Drachen reicht ein einfacher Baumwollfaden, wie man ihn zum Nähen verwendet. Bei größeren Drachen nimmt man Paketschnur, verstärkte Nylonfäden oder sogar Schnüre, die eine Zugfestigkeit von mehreren Kilogramm haben.
Der Einfachheit halber benutzt man für die Abspannung meist dieselbe Art Faden oder Schnur wie für die Waage. Befestigen Sie die Abspannung an den Stäben, wie in Bild 3 gezeigt. Der Faden wird an einem Einschnitt befestigt und einige Male um den Stab gewickelt. Dann verfahren Sie mit dem zweiten Einschnitt ebenso. Wenn kein Einschnitt möglich ist, dann befestigen Sie den Faden, indem Sie ihn einige Male um den Stab wickeln und mit einem Webeleinenstek befestigen (siehe Abschnitt „Knoten", S. 13).
Damit der Faden nicht abrutscht oder sich löst, ritzen Sie eine Kerbe an der Stelle ein, an der er befestigt werden soll (siehe vorhergehendes Kapitel). Zur Sicherheit können Sie ihn auch festkleben. Bitte beachten Sie, dass das Gestänge symmetrisch sein muss. Während Sie den Faden anbringen, kann es leicht passieren, dass ein oder mehrere Stäbe verrutschen.
Messen Sie also noch einmal nach, bevor Sie das Segel anbringen.
Ein weiterer wichtiger Faktor, der die Form der Flügel beeinflusst, ist die Spannung der Stäbe der Abspannung. Wenn die zwei Flügel nicht gleich groß oder unterschiedlich geformt sind, wird der Drachen dazu neigen, in die Richtung des Flügels mit der geringeren Tragfläche zu schlingern. Bevor Sie das Segel anbringen, vergewissern Sie sich, dass die Spannung an der Spannschnur ähnlich wie die Spannung der entsprechenden Stäbe ist. Es reicht, wenn Sie mit einem Finger oder Ihrer

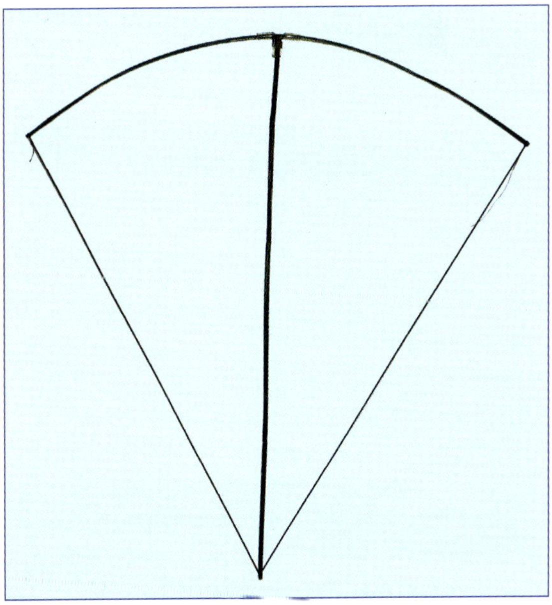

Bild 3: Anbringen der Spannschnur an den Stäben

Handfläche auf den Faden drücken und den Widerstand prüfen oder am Faden zupfen und hören, wie er klingt. Wenn man viele Drachen in einer geringen Zeitspanne bauen muss oder mit sehr einfachen Materialien (z. B. mit Plastiktüten) arbeitet, kann man statt mit Fäden auch mit transparentem oder buntem Klebeband arbeiten. Dabei breiten Sie den Drachen einfach auf dem Tisch aus und bringen das Klebeband am Flügelrand an, wobei Sie darauf achten sollten, dass es keine Falten auf dem Segel hervorruft. Für eine bessere Stabilität können Sie es auf beiden Seiten des Segels anbringen oder Klebeband benutzen, das mit Nylon verstärkt ist. (Wenn der Rand länger als 40 cm ist, ist das auf jeden Fall zu empfehlen.)

Das Segel

Das Segel ist der Teil des Drachens, der durch den Wind die Auftriebskraft erhält, mit der der Drachen sich in die Luft erheben kann. Das Segel ist auch der am besten sichtbare Teil, weshalb es oft mit farbenfrohen und fantasievollen Motiven geschmückt wird. Es kann aus vielen verschiedenen Materialien hergestellt werden. Generell eignet sich jedes Material, das sich als Folie oder in Stoffform verwenden lässt. Seidenpapier und Plastikfolie (die man aus Plastiktüten zusammenschneiden kann) eignen sich besonders gut für unsere Zwecke: Beides kostet fast nichts, man findet es überall und es gibt uns die Möglichkeit, mit vielen verschiedenen Farben zu arbeiten. Auch Zeitungspapier ist geeignet, sieht aber bei weitem nicht so gut aus. All diese Materialien sollen Ihnen nur als Anregung dienen. Wir überlassen es gern Ihrer Kreativität, neue Materialien und Techniken zu entdecken.

Anleitung zur Herstellung des Segels

1. Breiten Sie die Folie auf einer Arbeitsfläche aus. Bedecken Sie sie mit einigen Schichten Pack- oder Zeitungspapier, damit sie nicht bei der Bearbeitung beschädigt wird. Wenn eine Folie zu klein ist, kleben Sie mehrere Stücke so zusammen, dass sie sich an der geklebten Stelle um ca. 1 cm überschneiden. Benutzen Sie transparenten Kleber, der schnell trocknet (Kunststoffkleber auf Wasserbasis durchweicht das Papier und kann es auch ganz schnell ruinieren), und verteilen Sie ihn gleichmäßig.
2. Ziehen Sie mit Hilfe eines geeigneten Lineals die Form des Gestänges von Stab zu Stab mit einem Bleistift nach.
3. Wenn eine Spannschnur vorhanden ist, brauchen Sie für die Rückseite etwas mehr Rand. Ziehen Sie mit dem Lineal Linien im Abstand von 2 cm parallel zu denen, die Sie vorher gezogen haben (Bild 4). Diese neuen Linien müssen selbstverständlich *außerhalb* des Segels liegen!
4. Schneiden Sie das Segel entlang des äußeren Randes ab und passen Sie dabei auf, dass Sie es nicht zerreißen. Benutzen Sie das Lineal weiterhin, indem Sie die Ränder der Rückseite mit Hilfe des Lineals nach oben drücken. Dies erleichtert Ihnen die nachfolgenden Arbeitsschritte.
5. Legen Sie das Gestänge noch einmal auf das Segel und kleben Sie die Ränder an der Rückseite des Segels fest. Achtung: Die Spannschnur muss innerhalb des umgeklappten Randes liegen! Benutzen Sie transparenten Universalkleber. Für die richtige Befestigung bitte Punkt 1 beachten.
6. Diese Prozedur wiederholen Sie an allen Seiten des Segels. Stanzen oder bohren Sie ein kleines Loch an der Stelle, an der Sie die Waage befestigen wollen.

Bild 4: Zeichnen Sie einen Rand, wenn eine Spannschnur vorhanden ist.

Dekoration

Überlegen Sie sich, wie das Segel Ihres Drachens aussehen soll, bevor Sie es einbauen. Solange Sie die Folie noch nicht angebracht haben, können Sie sie viel leichter bemalen, ohne dass Ihnen die Waage, die Stäbe oder der Schwanz im Weg sind. Die meistbenutzten Dekorationstechniken sind:

- **Freies Malen:** Dafür eignen sich am besten wasserfeste Farben, die Ihren Drachen auch nach einem Regenguss, dem Sturz in eine Pfütze oder nach einem Ausflug bei zu hoher Luftfeuchtigkeit noch gut aussehen lassen. Leider ist die Farbauswahl an Filzstiften nicht allzu groß. Bei Acrylfarben ist das Farbspektrum bedeutend größer, aber dafür leidet Ihr Sparschwein mehr: Acrylfarben sind sehr teuer.
- **Collage:** Diese Technik eignet sich auch gut für Kinder, besonders wenn geometrische Figuren ausgeschnitten oder viele verschiedene Farben benutzt werden sollen. Schneiden Sie die gewünschten Formen in Ihren Lieblingsfarben aus und kleben Sie sie auf das Segel. Denken Sie auch in diesem Fall daran, den geeigneten Kleber für das jeweilige Material zu verwenden.

Sobald Sie sich für eine Dekorationsweise entschieden haben, können Sie sich mit Ihren „Assistenten" an die Arbeit machen. Vergessen Sie nicht, dass wasserfeste Farben auch auf Ihrer Kleidung wasserfest sind, was nicht jeden im Hause erfreuen wird! Denken Sie also an entsprechende Schutzkleidung (z. B. Kittel) und Unterlagen für Ihre Arbeitsfläche!

Die Waage

Ein weiterer Grundbestandteil eines Drachens ist die „Waage". Dabei handelt es sich um ein Leinensystem, das den Auftrieb, der auf das Segel trifft, gleichmäßig auf den ganzen Drachen verteilt und mit dessen Hilfe der Drachen verschiedenen Windstärken standhalten kann. Eine gut ausgemessene Waage-Einstellung ist sehr wichtig, damit der Drachen in geregelten Bahnen fliegen kann. Die Leine wird nicht direkt an der Waage angebracht, sondern an einem Ring aus Stahl oder anderem beständigen Material. Besonders gut eignen sich dafür Schlüsselringe. Wenn Sie einfach nur aus Spaß Drachen basteln, dann genügt für die in diesem Buch vorgestellten Modelle als Leine ganz normale Paketschnur. Selbstverständlich hindert Sie niemand daran, sich festere Schnur zu besorgen, die 10-15 kg Zugkraft aushält und die Sie in Bastelgeschäften bekommen.

Befestigung der Leine

Die Leine befestigen Sie am besten mit einem Karabinerhaken am Ring. So können Sie den Drachen nach dem Flug leicht wieder lösen oder ihn nach Bedarf durch einen anderen ersetzen. Mit einem Wirbel (den Sie in Geschäften für Anglerbedarf finden) lässt sich verhindern, dass sich die Schleppschnur verheddert, wenn sie wieder aufgewickelt wird (Bild 5).

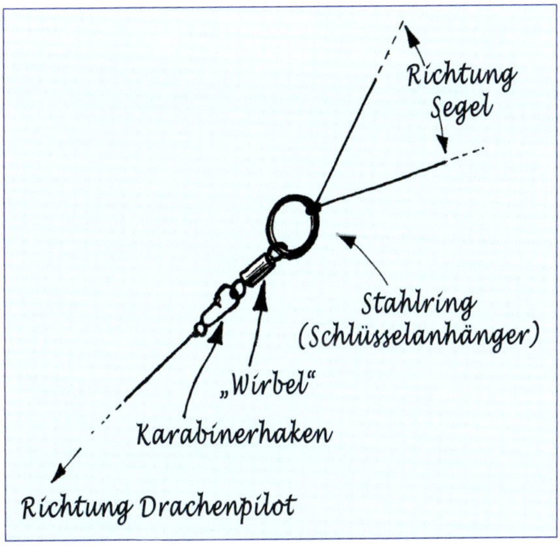

Bild 5: Die Befestigung der Leine

Die Waage am Gestänge befestigen

Die Waage muss fest mit dem Drachengestänge verbunden werden. Anfänger machen gern den Fehler, die Waage direkt am Segel zu befestigen. Das würde dazu führen, dass sie beim ersten Windstoß reißt. Benutzen Sie deshalb bitte die Stäbe des Gestänges zur Befestigung der Waage. Durch die glatte Oberfläche der Stäbe besteht allerdings die Gefahr, dass das geknotete Seil bei der geringsten Spannung abrutscht. Das können Sie verhindern, indem Sie in den entsprechenden Stab eine Kerbe einritzen, in der Sie die Schnur befestigen (wie auf S. 8 beschrieben).
Der Nachteil ist dabei allerdings, dass der Stab dadurch instabiler wird und brechen kann, wenn er großer Belastung ausgesetzt ist. Zur Sicherheit können Sie die Waage, wenn Sie sie angebracht haben, mit einem Tropfen Kunststoffkleber befestigen.
Wenn der Drachen hoch am Himmel fliegt, kann es passieren, dass durch den Auftrieb das Loch, in dem die Waage befestigt ist, größer wird.
Hier zeigt sich eine Strukturschwäche: Die durch die Leine verursachte Reibung kann tatsächlich Risse erzeugen.
Um solche Schäden zu vermeiden, kann man das Segel verstärken, indem man Klebeband an den Stellen anbringt, wo die Löchern größer werden oder ausreißen könnten. Bei Drachen, die kleiner als 30 cm sind, reicht es, Lochverstärkungsringe anzubringen (die man im Schreibwarengeschäft bekommt).

Der Drachenschwanz

Die Faszination eines Drachens im Flug beruht zum großen Teil auf seinen graziösen Bewegungen, ganz besonders dann, wenn sie von einem langen und bunten Drachenschwanz betont werden, der elegante Kurven in der Luft zieht.
Viele Anfänger glauben, dass der Schwanz nur eine dekorative Funktion erfüllt. Das ist allerdings ein Irrtum. Viele traditionelle Modelle, wie der Rauten- oder Diamantdrachen, könnten sich ohne den stabilisierenden Schwanz gar nicht in die Luft erheben.
Der Schwanz schafft Luftwiderstand und hat die Wirkung eines „Ankers“, der dem Drachen dazu verhilft, an seiner Position in der Luft still zu stehen.
Die Länge des Drachenschwanzes ist wichtig. Außerdem spielt die Windstärke eine Rolle: Ist der Schwanz zu kurz, wird der ganze Drachen instabil und schraubt sich durch die Luft in Richtung Boden zurück. Ist er zu lang, ist der Drachen zu schwer und zu langsam und wird nicht in große Höhen aufsteigen können. Die Drachen, die am höchsten steigen, sind diejenigen, die ohne Schwanz fliegen können.
Die richtige Schwanzlänge hängt von der Windgeschwindigkeit ab: Man bestimmt sie im Freien, indem man versucht, einen Kompromiss zwischen Flugstabilität und Flughöhe zu finden. Hier folgen einige Ratschläge, die Sie bei der Gestaltung eines Drachenschwanzes beachten sollten.

Streifen- oder Bandschwanz

Diese beiden Varianten lassen sich am einfachsten herstellen. Es genügt dazu, Seidenpapier oder anderes Papier (z. B. Krepppapier) zusammenzurollen und die Rolle in „Scheiben“ der gewünschten Dicke (normalerweise 2–3 cm) zu schneiden.
Verbinden Sie die einzelnen Teile mit einem geeigneten Klebstoff oder mit einem Stück Klebeband.

Mit Schleifen verzierter Schwanz

Um einen Streifenschwanz noch attraktiver aussehen zu lassen, können Sie Schleifen aus buntem Stoff machen und diese in regelmäßigen Abständen daran befestigen.
Alternativ können Sie auch eine Art Ziehharmonika aus Papierrechtecken falten, sie am Schwanz befestigen und wie einen Schmetterling öffnen.

Kettenschwanz

Er ist sehr schön anzusehen und wirksamer als ein Streifenschwanz, aber aufwändiger in der Herstellung. Schneiden Sie ganz viele bunte Streifen der gleichen Größe (z. B. 2 cm breit und 20 cm lang) und verbinden Sie diese wie einzelne Ringe zu einer Kette (Bild 6).
Die Schwänze lassen sich auf viele Arten an Ihrem Drachen anbringen. Man kann sie direkt oder

mithilfe einer Schnur an den Stäben festknoten, sie mit einem Karabinerhaken an einem „Wirbel“ befestigen, einem kleinen, am Drachen befestigten Ring. Wenn das Segel abnehmbar ist, können Sie in einen der Stäbe auch ein Loch bohren und dort den Schwanz befestigen.
Die einfachste Methode ist die klassische: Den Schwanz an einem beliebigen Punkt mit Klebeband ankleben. Wenn Sie mehrere Schwänze am gleichen Stab befestigen, bringen Sie diese in etwas unterschiedlichem Winkel zueinander an. (Etwa 5° im Vergleich zur Längsspreize dürften genügen.) Auf diese Weise breiten sie sich im Wind besser aus und verheddern sich beim Flug nicht ineinander. Wenn Sie den Drachen lagern, vergewissern Sie sich, dass der Schwanz nirgends eingerissen ist. Nehmen Sie auf jeden Fall Klebeband und eine Tube Klebstoff mit ins Freie, damit Sie den Schwanz reparieren oder bei entsprechender Windstärke verlängern können – und eine Schere, falls Sie den Schwanz kürzen müssen.

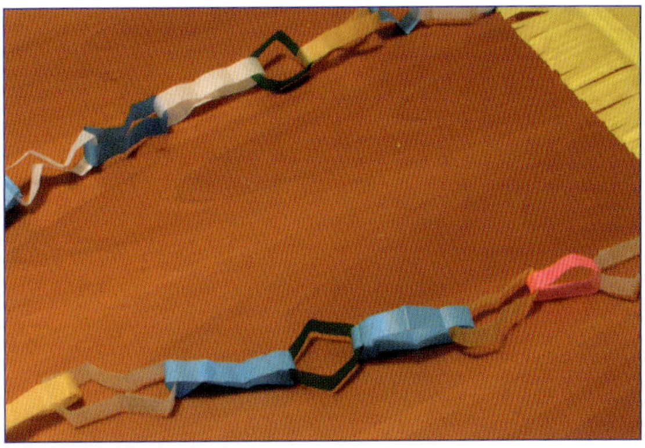

Bild 6: Kettenschwanz

Knoten

Zum perfekten Drachenbau müssen Sie die Waage und die Leine richtig anknoten können. Zumindest der „einfache Knoten“ ist Ihnen aus den verschiedensten Alltagssituationen sicherlich ein Begriff. Einem Drachen schadet er allerdings nur. Eine gespannte Schnur könnte z. B. gerade auf Grund dieses Knotens reißen. Deshalb greift man beim Verknoten von Waagen und Abspannungen auf andere Knoten zurück, die sich nicht einfach von allein lösen können, die mit Feingefühl angebracht werden und nicht die Struktur beschädigen, sondern sie schützen. Wir stellen Ihnen hier eine kleine Auswahl von Knoten vor. Zur Veranschaulichung haben wir die Knotenenden farbig markiert. Die roten Enden sind die „fließenden“, also diejenigen, die „sich bewegen“, um den Knoten zu schaffen. Die blauen Enden sind die „schlafenden“, also diejenigen, die bei der Ausübung „unbeweglich“ bleiben.

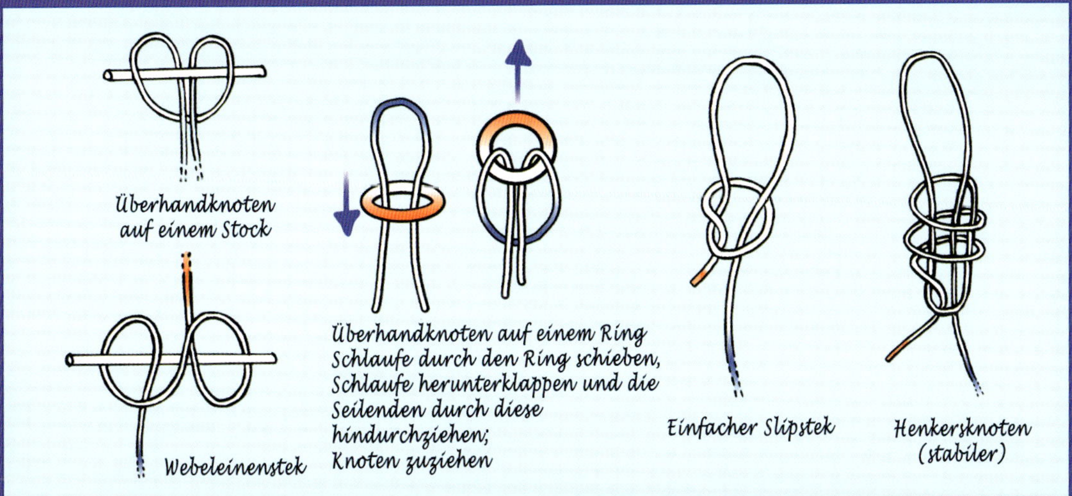

Die Bauanleitungen

Nun, da die wichtigsten Grundlagen geklärt sind, können Sie sich an Ihren ersten Drachen wagen. In den folgenden Kapiteln finden Sie Anleitungen, die Sie Schritt für Schritt beim Bau der Drachen begleiten, und dazu natürlich eine detaillierte Auflistung der benötigten Materialien.

Wenn Sie noch keinen Drachen gebaut haben, empfehlen wir Ihnen, mit den einfachen Modellen anzufangen. Wenn Sie dann Erfahrungen gesammelt haben, können Sie mit den schwierigeren fortfahren.

Die in diesem Buch angegebenen Maße sollen Ihnen als Richtwerte dienen. Beim Bau eines Drachens ist es nicht so wichtig, alle Materialien millimetergenau abzumessen, sondern vielmehr darauf zu achten, dass die Gesamtproportionen in sich stimmig sind.

Je größer allerdings der Drachen ist, desto stärkeren Kräften muss die gesamte Konstruktion während des Fluges standhalten. Aus diesem Grunde muss die Konstruktion dann auch widerstandsfähiger sein und dazu müssen Sie stabilere Stäbe benutzen.

Haben Sie keine Angst vor Experimenten! Jedes von Ihnen gebaute Modell ist ein einzigartiger Prototyp. Vor allem aber ist es Ihr Werk und verdankt seine Gestalt Ihren Ideen und Ihrer handwerklichen und künstlerischen Umsetzung. Sollten Sie am Ende feststellen, dass Ihr Drachen aufgrund eines Konstruktionsfehlers nicht fliegt, verlieren Sie nicht die Geduld. Lassen Sie sich nicht entmutigen und versuchen Sie, aus Ihren Fehlern zu lernen. Das Wichtigste ist, dass Sie dabei Spaß haben.
In diesem Sinne viel Spaß beim Lesen und viel Erfolg beim Basteln!

Rautendrachen

Der Klassiker, einfach schön!

FAMILIE
Flachdrachen

MATERIAL
- **Gestänge**
  Pflanzen- oder Bambusstäbe
- **Abspannung**
  Paketschnur oder Klebeband
- **Segel**
  Seidenpapier, Plastiktüten oder Kunststoff-Müllsäcke, Zeitungspapier, o.ä.
- **Schwanz**
  Buntes Krepppapier
- **Waage und Leine**
  Paketschnur, Polyestergarn oder ähnlich widerstandsfähiges Material

ZEIT FÜR DEN ZUSAMMENBAU
1 Stunde

SCHWIERIGKEITSGRAD

Leicht. Dieses Modell ist am einfachsten zu bauen, man muss nur genau arbeiten.

Beim Rautendrachen handelt es sich um das im Westen wohl bekannteste Modell. Für viele ist seine Form der Inbegriff eines Drachens. Aus diesem Grund beginnen wir auch mit diesem Drachen. Wenn Sie noch Anfänger sind, üben Sie am besten an diesem Modell. Bauen Sie erst einmal einige dieser Drachen und versuchen Sie, sie steigen zu lassen. Rautendrachen kann man auch in Miniaturform bauen, deshalb können sich auch Kinder daran versuchen. Allerdings sollten Sie Kinder dabei nicht unbeaufsichtigt lassen, denn hier wird auch mit scharfen oder spitzen Werkzeugen gearbeitet.

Merkmale

Der Rautendrachen hat eine sehr einfache Grundstruktur: Eine Längs- und eine Querstrebe („Spreize“) werden wie ein Kreuz übereinandergelegt und lediglich mit einem Stück Paketschnur verbunden. Aus derselben Schnur wird anschließend die Abspannung gemacht. Sie verbindet die vier Enden des Gestänges miteinander und begrenzt den Rand des Segels.

Der Waagepunkt liegt auf der Verbindungsstelle der beiden Spreizen und teilt dabei die Längsspreize zwischen Nase und Schwanz im Verhältnis 1:5. Damit der Drachen fliegen kann, braucht er einen Schwanz, der den Drachen stabilisiert und außerdem auch dekorativen Wert hat. Die Länge des Drachenschwanzes muss der Windstärke angepasst werden. Ist das Modell gut gebaut, lässt sich der Drachen leicht lenken und auch ein wenig erfahrener Drachenlenker kann ihn in beachtliche Höhen steigen lassen.

Der Mini-Drachen Schritt für Schritt

Wenn Sie mit uns einen Mini-Rautendrachen mit den Maßen 20 cm x 20 cm bauen möchten, dann folgen Sie den einzelnen Schritten der bebilderten Anweisung und schon können Sie Ihren ersten eigenen Drachen steigen lassen. Bevor wir mit dem Bau unseres Mini-Drachens beginnen, zeigen wir Ihnen den Aufbau eines Rautendrachens.

Der Bau des Rautendrachens

1. Meistens wird dieser Drachen so gebaut wie in Bild 1 dargestellt. Die beiden Stäbe für das Gestänge müssen gleich lang sein. Sie treffen sich auf der Länge von 1/6 der Längsspreize des Drachens. Die beiden Waagepunkte befinden sich an den rot eingekreisten Stellen. Dort müssen zwei kleine Löcher in das Segel gebohrt werden, durch diese wird dann die Waageschnur eingefädelt.

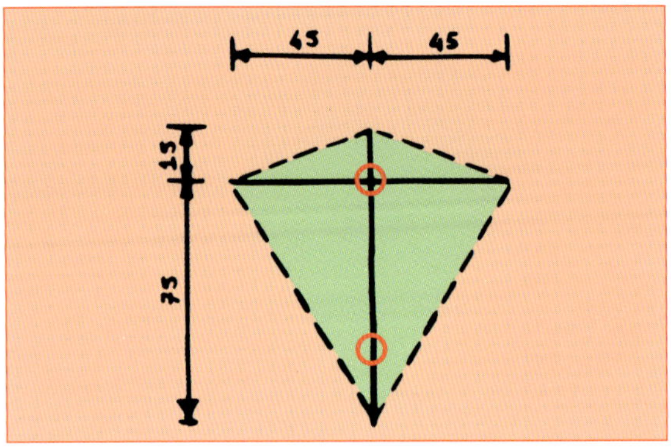

Bild 1

2. Alternativ kann die Querspreize auch nur 2/3 so lang sein wie die Längsspreize (Bild 2). In diesem Fall hat die Waage nur *einen* Waagepunkt, der sich am Kreuzungspunkt der beiden Stäbe befindet („selbstregulierende Waage").

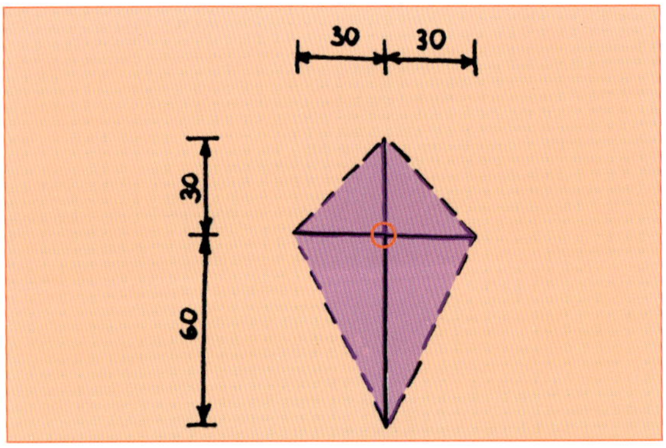

Bild 2

3. In beiden Fällen muss der Drachen durch 2–3 Bänder aus Krepppapier stabilisiert werden, die am unteren Ende, z. B. mit Klebeband, angebracht werden. Zusätzliche Schwänze können als Dekoration an den Enden der Querspreizen befestigt werden.

Schritt-für-Schritt-Anleitung

Für den Bau dieses Modells benötigen Sie folgende Werkzeuge und Materialien:

- Bleistift oder Filzstift
- Lineal, Winkelmaß und Schere
- Cutter (Achtung, sehr scharf!) oder Allzweckmesser
- Zwei Bambusstäbe, ca. 20 cm lang
- Ein Blatt buntes Seidenpapier
- Eine Rolle transparentes Klebeband
- Zwei Lochverstärkungsringe (wie man sie für gelochte Blätter in Ordnern verwendet)
- Eine Rolle Baumwoll- oder Polyestergarn, Stärke 50
- Einen Plastikring von 1 cm Durchmesser (gibt es in Kurzwarenhandlungen)
- Zwei Streifen Krepppapier in den Farben Ihrer Wahl (1 x 100 cm)

Und los geht's! Die Erwachsenen dürfen anfangen oder sollten zumindest ihren Kindern zur Hand gehen, denn wir arbeiten hier mit scharfen und spitzen Werkzeugen.
Schneiden Sie die Bambusstäbe zurecht. Markieren Sie die Mitte eines Stabes und „wiegen sie sie ab", indem sie mit dem Messer nach und nach kleine Teile des Materials von jedem Ende des Stabes abtragen. Damit Sie sehen, ob Sie richtig gemessen haben, balancieren Sie den Stab mittig auf einem Finger. Wenn er im Gleichgewicht bleibt, ohne sich in eine der beiden Richtungen zu senken, ist Ihre Querspreize fertig.
Anschließend markieren Sie mit dem Bleistift den Gleichgewichtspunkt, damit Sie ihn rasch wiederfinden. Schneiden Sie aus dem Seidenpapier einen „Diamanten" aus, dessen Diagonalen mindestens so lang sind wie die Stäbe.
Die Diagonalen müssen im rechten Winkel zueinander stehen und sich auf ca. 1/6 der Länge der Längsspreize treffen. (Das messen Sie am besten mit Lineal und Winkelmaß aus.)
Wenn Sie mehrere dieser Drachen bauen möchten, schneiden Sie sich eine Schablone aus festem Karton, die Sie dann immer wieder benutzen können. Schaffen Sie Platz auf Ihrem Arbeitstisch und schon kann's losgehen!

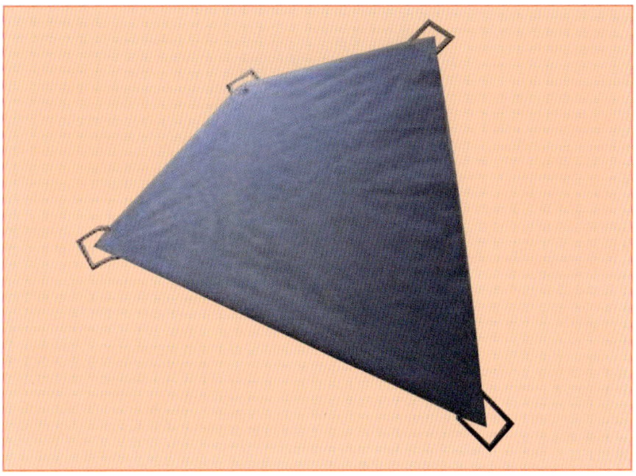

1 Legen Sie das Segel auf die Arbeitsplatte.

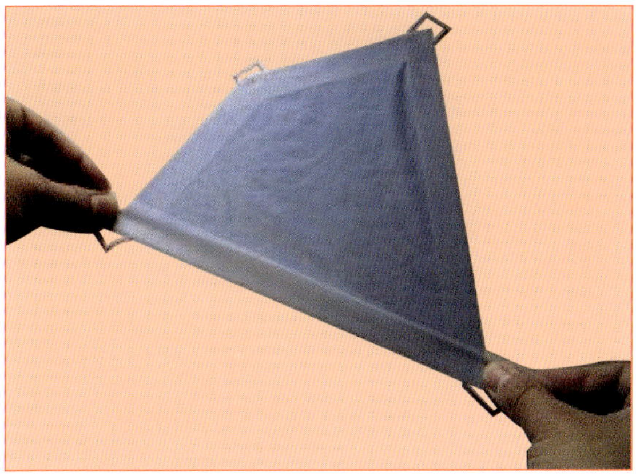

2 Befestigen Sie die Abspannung darauf. (Bei dieser Größe reicht dazu Klebeband.)

3 Lösen Sie das Segel vorsichtig von der Arbeitsplatte.

4 Schneiden Sie das überstehende Klebeband ab. Das Segel ist fertig.

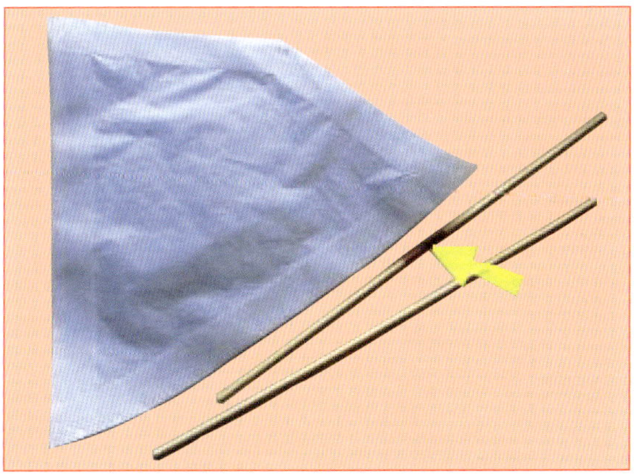

5 Nun geht es weiter mit dem Gestänge. Die Querspreize ist die mit der Markierung in der Mitte (im Bild durch einen Pfeil angezeigt).

6 Befestigen Sie erst die Längsspreize mit Klebeband an der richtigen Stelle ...

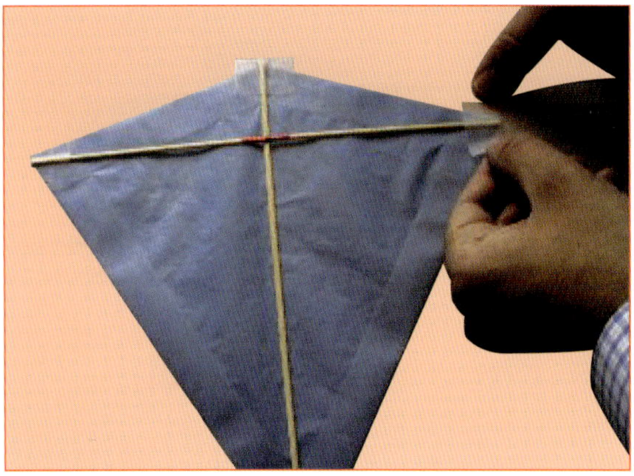

7 .... und dann die Querspreize. Schneiden Sie die überstehenden Klebebandstücke ab. Damit ist auch das Gestänge fertig.

8 Nun geht es weiter mit der Waage. Bohren Sie Löcher in das Segel, und zwar dort, wo sich die Stäbe kreuzen, sowie am unteren Ende.

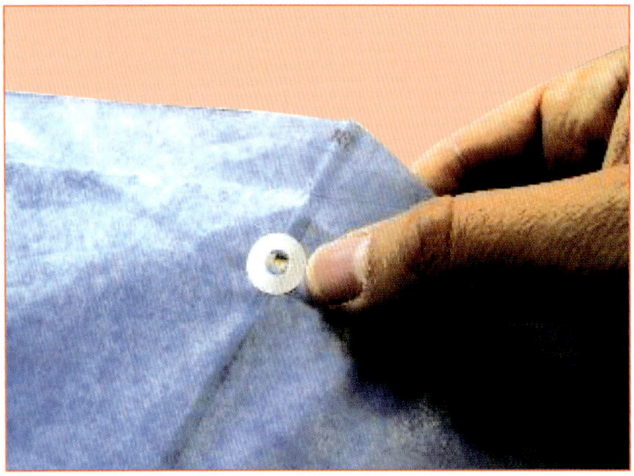

9 Sichern Sie das Segel am Kreuzungspunkt der Stäbe zusätzlich mit einem Verstärkungsring, damit es nicht ausreißt.

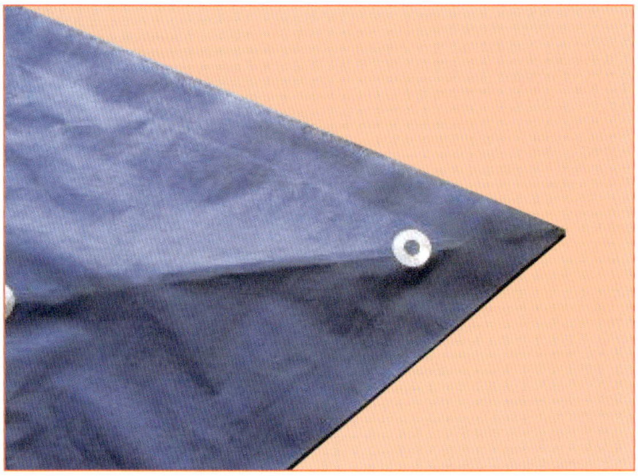

10 Wiederholen Sie Schritt 9 auch am unteren Loch.

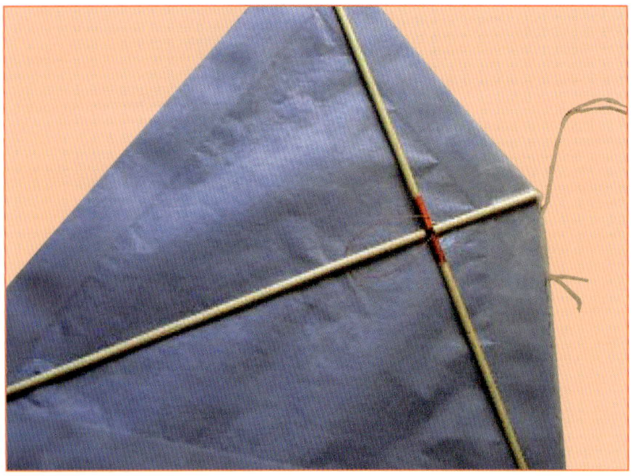

11 Fädeln Sie die Waageleine durch das obere Loch und wickeln Sie sie fest um die Stäbe.

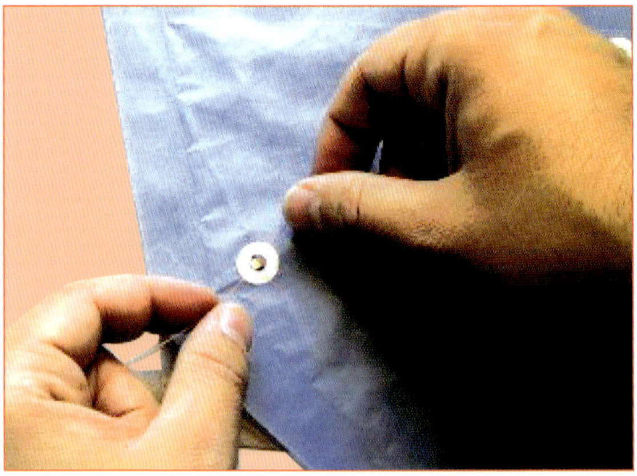

12 Ziehen Sie die Waageleine wieder aus dem Loch und verknoten Sie sie am Ende.

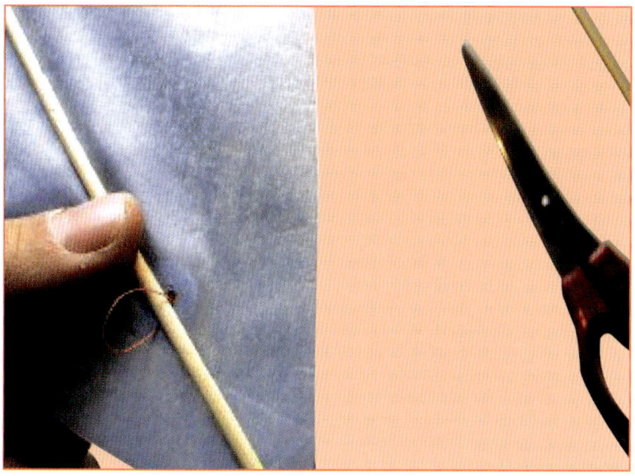

13 Wiederholen Sie Schritt 11 und 12 auch am unteren Loch.

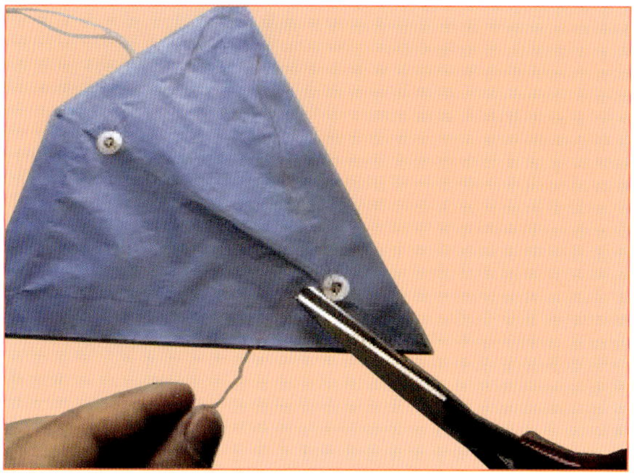

14 Schneiden Sie die Leine jeweils hinter dem Knoten ab.

15 Fädeln Sie die Waageleine in den Ring ...

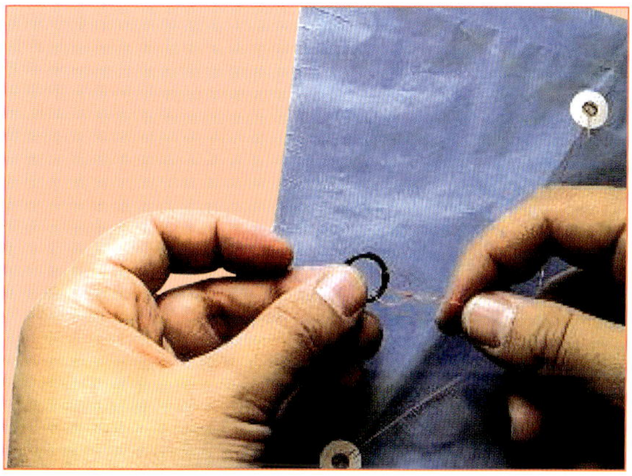

16 ... und verknoten Sie sie durch einen Überhandknoten.

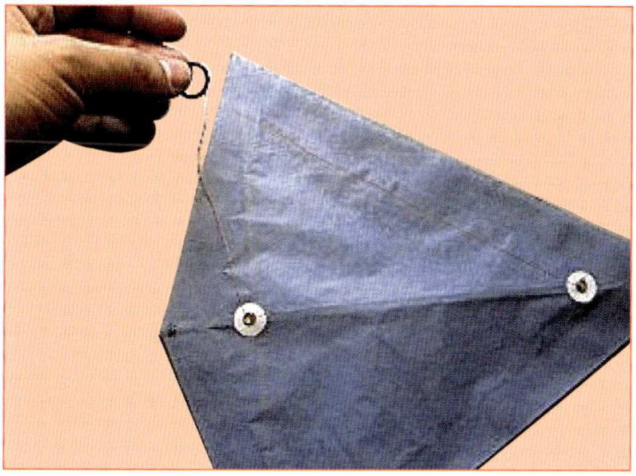

17 Befestigen Sie den Ring, wie hier gezeigt, und ziehen Sie dadurch den Knoten fest.

18 Bringen Sie die Kreppapier-Schwänze an.

Rautendrachenkette

Da stimmt die Choreographie!

FAMILIE
Kettendrachen

MATERIAL

- **Gestänge**
  Eine große Anzahl von 30 cm langen Stäben mit 3–4 mm Durchmesser. Sie können auch 25 cm lange Stäbe verwenden, dann müssen Sie allerdings die Schablonen entsprechend anpassen.
- **Abspannung**
  Nicht notwendig
- **Segel**
  Buntes Seidenpapier oder Kunststofffolie
- **Schwanz**
  Buntes Krepppapier
- **Waage und Leine**
  Nicht notwendig
- **Leine**
  Paketschnur oder Polyestergarn mit 15–20 kg Zugfestigkeit

ZEIT FÜR DEN ZUSAMMENBAU
10 Min. pro Drachenelement (Man braucht mindestens 50.)

SCHWIERIGKEITSGRAD
Leicht. Kann auch von Kindern unter Aufsicht von Erwachsenen gebastelt werden, die keine Experten im Drachenbau sind.

Merkmale

Das Modell, das wir Ihnen jetzt vorstellen, ist der in Europa weit verbreitete, klassische Kettendrachen, der aus vielen kleinen Drachen besteht, die an einer Schnur nebeneinander aufgereiht werden. Dabei ersetzt die Schnur die Querspreize und so entsteht eine beeindruckende, riesige Girlande. Die Drachen, die die Kette bilden, sind kleine Rautendrachen (Länge: 20–25 cm). Sie haben, wie schon erwähnt, keine Querspreize (da die Schnur diese ersetzt) und keine Waage. Die Schwänze sind verhältnismäßig kurz und die Enden der Schnur werden an zwei in die Erde gesteckten Pflöcken festgebunden. (Unter Umständen reichen auch zwei große Steine aus.) Der Wind, der auf die Drachen bläst, erhebt sie in die Luft und lässt sie dank ihrer Anordnung aussehen wie einen riesigen, bunten Bogen, der immer in Bewegung ist. Da stimmt die Choreographie.

Dieser Kettendrachen erreicht keine großen Flughöhen, sondern schwebt meist ziemlich nah über dem Boden.

Wenn Sie experimentierfreudig sind, können Sie an den beiden Enden der Schnur Spulen befestigen und damit versuchen, den Drachen höher steigen zu lassen. Aber Vorsicht: Dazu brauchen Sie zwei Piloten und die müssen ihre Bewegungen auch noch gut aufeinander abstimmen. Wenn Sie zu dritt sind, kann die dritte Person den „Beobachter" machen und aus einer Position hinter den beiden Piloten Anweisungen geben.

Der Bau einer Drachenkette

Hier hat Ihr Helfer viel zu tun. Zwar ist das Modell nicht schwierig zu bauen, aber damit es gut fliegt, müssen Sie eine große Anzahl von Drachen basteln, mindestens 50.

Haben Sie Geduld. Damit der Papa nicht allein dasteht, ist es ratsam, einige Helfer aus dem Verwandten- oder Freundeskreis zu gewinnen.

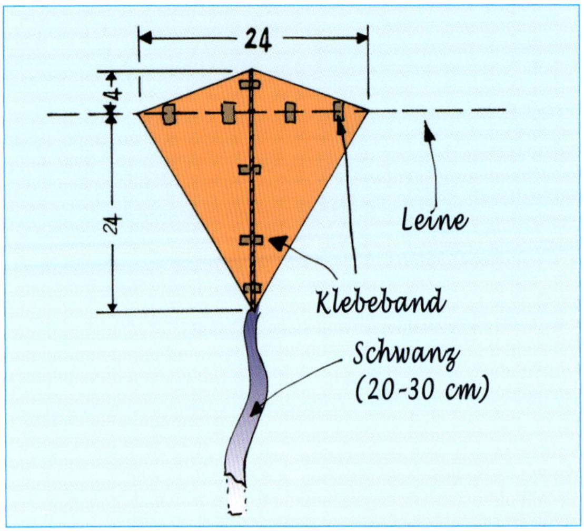

Bild 1: Das Segel, Maße in cm

1 Zeichnen Sie die Form des Segels auf ein Stück Pappkarton, schneiden Sie sie aus und verwenden Sie sie als Schablone. Schneiden Sie noch einige weitere Schablonen, die Sie an Ihre Helfer verteilen. Benutzen Sie nun die Schablonen (wie in Bild 1) auf dem bunten Papier.

2 Schneiden Sie viele Segel aus, die Sie mithilfe von Klebeband jeweils an einer Längsstrebe, einem Spieß oder Stab, den Sie vorher zurechtgestutzt haben, befestigen. Kleben Sie einen Schwanz an das untere Ende jedes Segels. Er sollte 1,5-mal so lang sein wie ein Segel.

3 Befestigen Sie nun die Schnur mit Klebeband am Segel. Die gesamte Schnur muss mindestens 20 Meter lang sein. Zur Sicherheit können Sie die Schnur zusätzlich mithilfe eines Webeleinensteks an der Längsspreize festknoten. Reihen Sie die Segel in regelmäßigen Abständen aneinander (siehe Bild 2) und legen Sie die einzelnen, durch die Schnur verbundenen Drachen in einer Schachtel aufeinander. So lassen sie sich leichter transportieren und starten.

4 Besorgen Sie sich zwei Stützpfosten (z. B. Zeltpflöcke oder Stäbe mit spitzem Ende), an denen Sie die Schnur befestigen können.

5 Fertig zum Start: Schlagen Sie einen Pflock in die Erde und befestigen Sie daran das eine Ende der Schnur. Dann fangen Sie an, die Schnur abzurollen. Wenn die Drachen sich einer nach dem anderen in die Luft erheben, bewegen Sie sich langsam quer zum Wind (wenn er aus Osten weht, laufen Sie nach Süden). Rollen Sie dabei weiter die Schnur ab, bis alle Rautendrachen in der Luft sind.

6 Rammen Sie auch den zweiten Pflock in die Erde und befestigen Sie daran das andere Ende der Schnur. Und nun genießen Sie den Anblick!

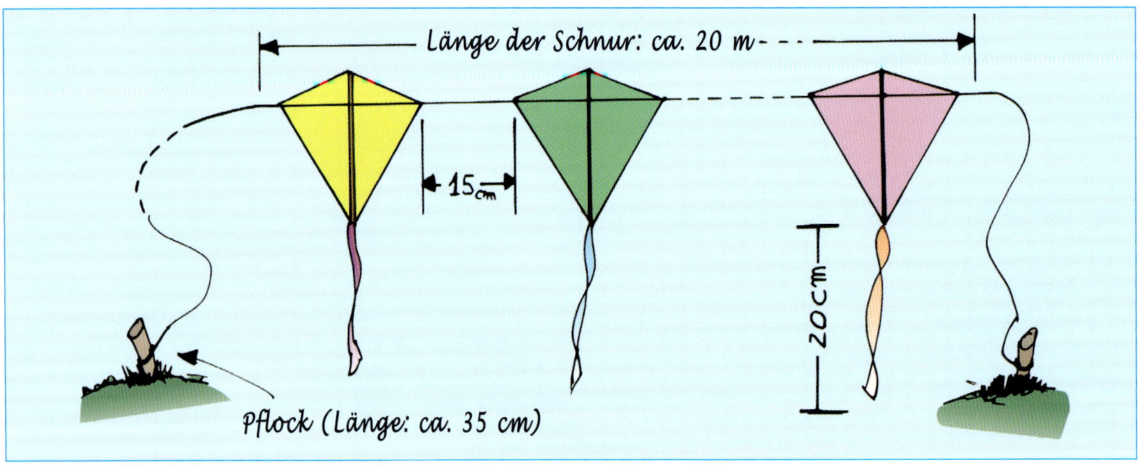

Bild 2

Sled

Einfach zu bauen und ein Riesenspaß in der Luft

FAMILIE
Schlittendrachen

MATERIAL
- **Gestänge**
  Holzstäbe, Bambusspieße oder Pflanzenstäbe (je nachdem, welche Größenordnung gewünscht ist)
- **Abspannung**
  Paketschnur oder Klebeband
- **Segel**
  Seidenpapier, Plastiktüten oder Kunststoff-Müllbeutel, Zeitungspapier o.ä.
- **Schwanz**
  Am besten eignet sich buntes Krepppapier.
- **Waage und Leine**
  Paketschnur, Polyestergarn oder ähnlich widerstandsfähiges Material

ZEIT FÜR DEN ZUSAMMENBAU
1 Stunde

SCHWIERIGKEITSGRAD
Leicht. Das Grundmodell kann auch von wenig erfahrenen Konstrukteuren gebaut werden.

Der Sled ist ein weiteres Modell, das aufgrund seiner einfachen Bauweise weit verbreitet ist. Seinen Namen Sled (Schlitten) verdankt dieser Drachen der besonderen Form, die er während des Fluges annimmt. Er wurde 1950 von William M. Allison erfunden und existiert heute in vielen verschiedenen Varianten.

Merkmale

Dieser Drachen lässt sich in vielen verschiedenen Größen bauen, wenn Sie die angegebenen Größenverhältnisse entsprechend umrechnen. Das Gestänge besteht aus zwei zur Längsachse parallelen Stäben. Durch die fehlende Querspreize bläht sich das Segel während des Fluges auf und wird durch den Druck des Windes in der Luft gehalten. Dieser Drachen lässt sich etwas schwieriger lenken als ein Rautendrachen. Bei heftigem Wind kann es passieren, dass das Segel zusammenklappt und den Drachen zum Absturz bringt. Um ihn in der Luft zu halten, muss man ihm schnell „Schnur geben" oder einige Schritte nach vorn rennen. Auf diese Weise bringt sich der Drachen von allein wieder in die richtige Position.

Sollten Sie während des Fluges merken, dass sich der Sled in eine bestimmte Richtung neigt, korrigieren Sie dies, indem Sie den Ring entsprechend verschieben.

Der Bau des Sled

Bild 1 zeigt Ihnen den Grundriss eines Sled. Die Stellen, an denen Sie Löcher in das Segel stanzen müssen, um die Waage anzubringen, sind durch Kreuzchen markiert. Sichern Sie die Löcher mit Verstärkungsringen oder Klebeband. Der Pfeil unten zeigt an, wo die Flügel mit Klebeband am Hauptsegel befestigt werden und wo die Stäbe festgemacht werden müssen.

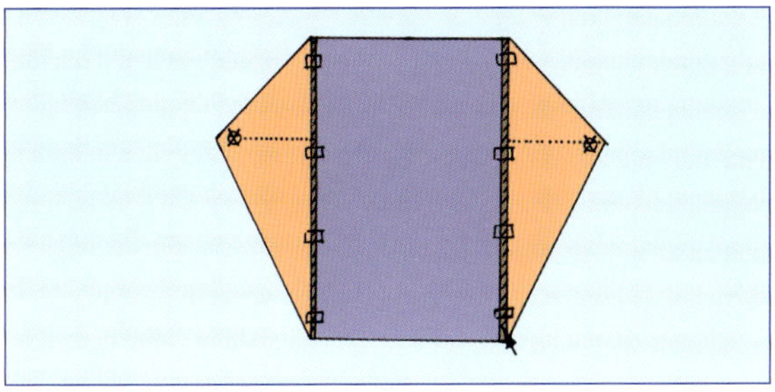

Bild 1

Auf Bild 2 sehen Sie einen Sled in der Luft. Die Stäbe befinden sich auf der Oberseite des Drachens und sind vom Boden aus nicht zu sehen. Der Sled braucht eine Zweipunktwaage, wobei jede Waageleine ungefähr dreimal so lang sein sollte wie der Drachen selbst.

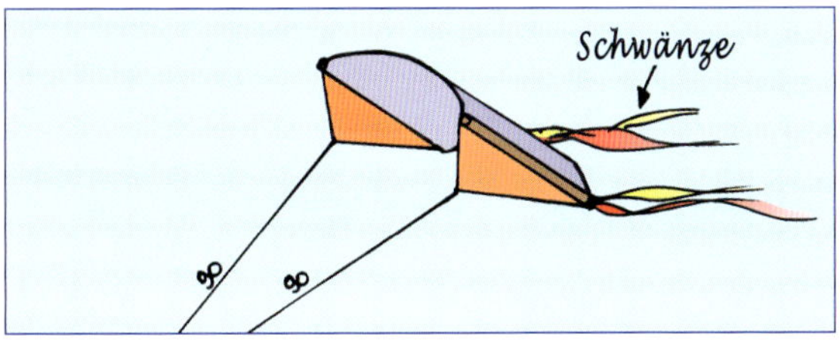

Bild 2

Um diesen Drachen zu stabilisieren, müssen Sie unterhalb der Stäbe einige Schwänze anbringen, die Sie in der Länge der Windstärke anpassen. Wenn Sie noch mehr für die Stabilität des Drachens tun wollen, können Sie Löcher in das untere Ende des Segels stanzen (Bild 3).

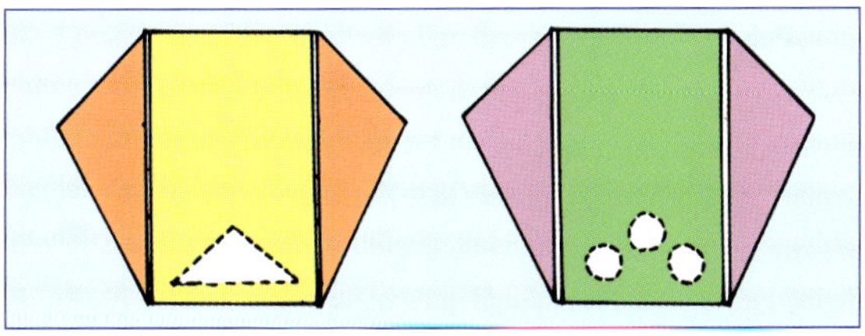

Bild 3: Beispiele für Segel mit stabilisierenden Löchern

Die Konstruktion der Waage des Sled kann einige Schwierigkeiten bereiten. Durch die Länge der Waageleine besteht die Gefahr, dass sie sich am Waagering in sich selbst verheddert, also dort, wo die beiden Waagepunkte sich am nächsten sind. Dieses Problem können Sie lösen, indem Sie an der Waage einen Stab befestigen, der als Spreizstab fungiert (Bild 4) und der ca. 1/3 so lang sein muss wie der Drachen.

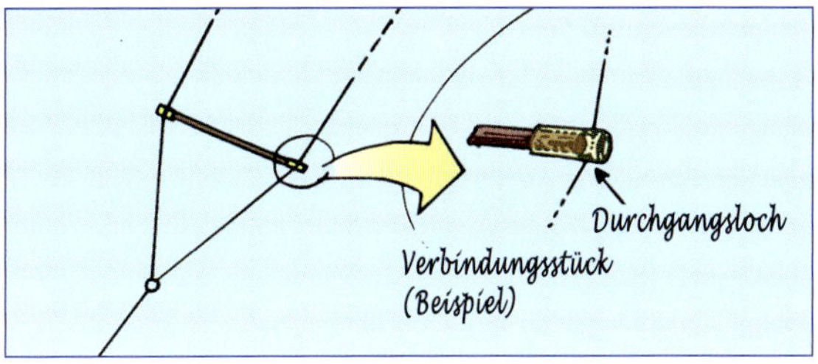

Bild 4

Es gibt verschiedene Methoden, um zu verhindern, dass sich die Schnüre vom Stab lösen, aber für alle brauchen Sie etwas Feingefühl. In Bild 4 zeigen wir Ihnen eine Möglichkeit: Die Waageleine wird durch zwei Löcher in einem schlauchförmigen Plastikstück gefädelt (z. B. durch ein Stück Gartenschlauch oder die Verschlusskappe eines Kugelschreibers). Sie brauchen insgesamt zwei solcher Plastikstücke, eines für jede Waageleine. Der Stab wird zwischen die beiden Verbindungsstücke geklemmt.

Der Sled Schritt für Schritt

Wir begleiten Sie nun Schritt für Schritt beim Bau Ihres ersten Sled. Sind Sie startbereit?

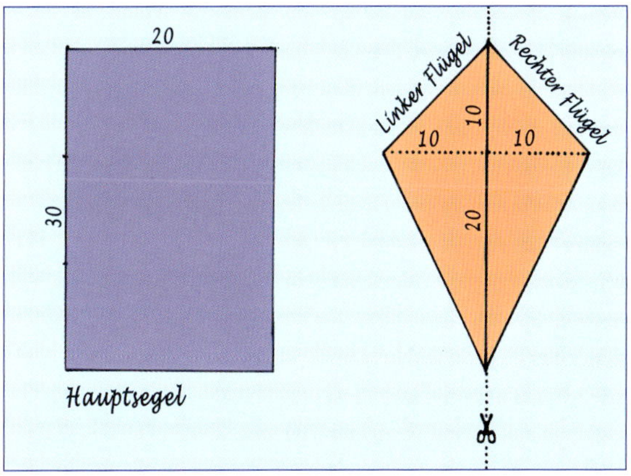

1 Diese beiden Formen müssen Sie aus einem Stück Seidenpapier ausschneiden. Maße in cm.

2 Trennen Sie die beiden Flügel, indem Sie das Rechteck entlang der längeren Diagonale durchschneiden.

3 Das Rechteck des Hauptsegels bleibt, wie es ist.

4 Bringen Sie die Flügel mit Klebeband am Hauptsegel an.

5 Setzen Sie die Abspannung ein. Lassen Sie dabei das untere Ende des Segels frei.

6 Lösen Sie das Segel mit der Klinge des Cutters vorsichtig von der Arbeitsplatte.

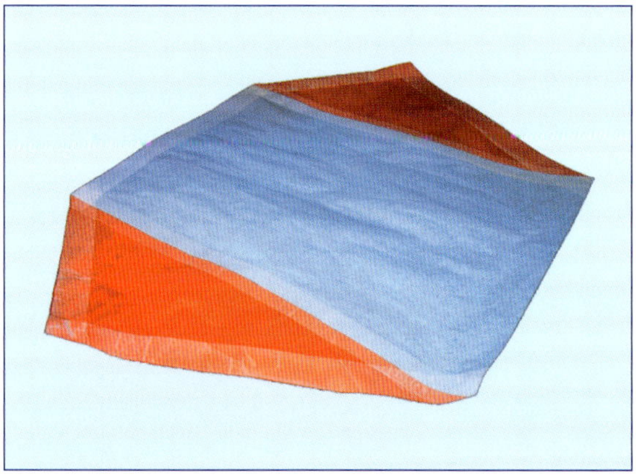

7 Schneiden Sie das überstehende Klebeband ab und schon ist Ihr Segel fertig. Wenn Sie möchten, können Sie es nach Belieben verzieren.

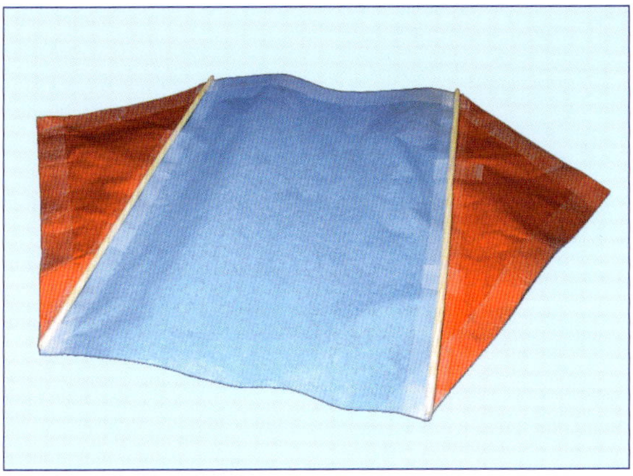

8 Befestigen Sie die Stäbe mit Klebeband am Segel.

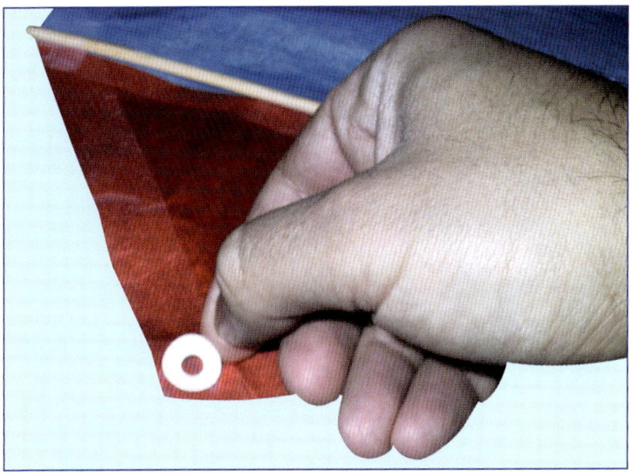

9 Kleben Sie jeweils einen Verstärkungsring an die Spitze der Flügel.

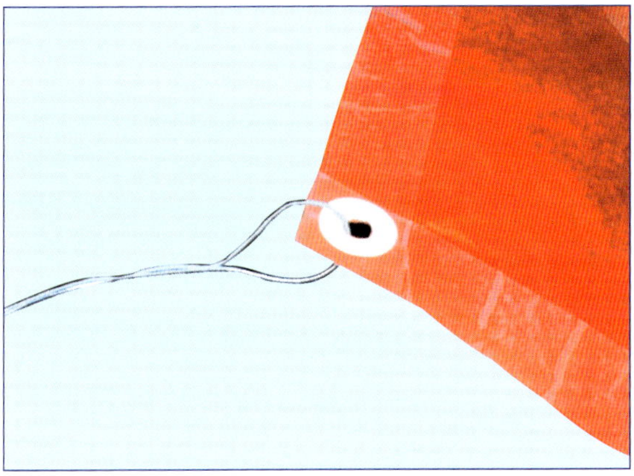

10 Bohren Sie dort mit einem Spitzbohrer ein Loch in das Segel. Fädeln Sie dann die Waageleine durch das Loch.

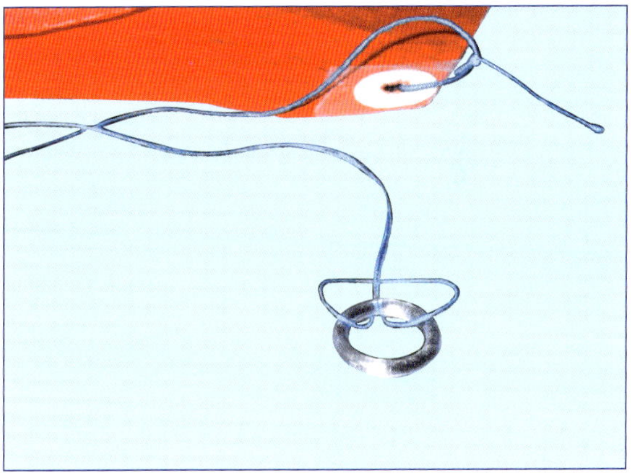

11 Verknoten Sie die Waageleine mit einem Überhandknoten an einem Plastikring.

12 Heften Sie die Schwänze mit etwas Klebeband an.

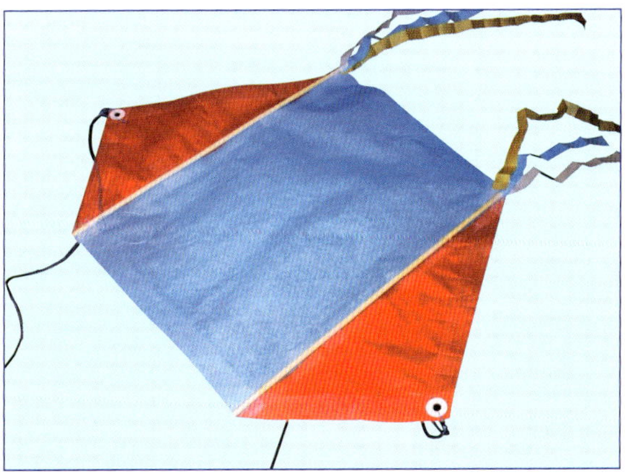

13 Nun ist der Drachen abflugbereit. Befestigen Sie die Spule am Plastikring und stürzen Sie sich ins Vergnügen.

Della-Porta-Drachen

Auch bei wenig Wind schwebt er gekonnt am Horizont

FAMILIE
Einfache Flachdrachen

MATERIAL

- **Gestänge**
  Zwei 60 cm lange Pflanzenstäbe mit 4 mm Durchmesser
- **Abspannung**
  Paketschnur, Polyestergarn oder Textilklebeband (Gewebeband)
- **Segel**
  Seidenpapier oder Kunststofffolie, wasserfeste Filzstifte (optional)
- **Schwanz**
  Krepp- oder Seidenpapier
- **Waage**
  Paketschnur, 2 Plastik- oder Metallringe
- **Leine**
  Paketschnur oder Nylon-Angelschnur (Zugfestigkeit: 8 kg)

ZEIT FÜR DEN ZUSAMMENBAU
30 Minuten

SCHWIERIGKEITSGRAD
Leicht. Kann auch von Kindern unter Aufsicht von Erwachsenen gebastelt werden, die keine Experten im Drachenbau sind.

Dieses Modell ist nicht so verbreitet wie der Rautendrachen, aber einfacher zu basteln.

Geschichte

Dieser rechteckige Drachen wurde bereits im Jahre 1558 erstmalig erwähnt, und zwar in einer Schrift des Naturwissenschaftlers und Philosophen Giovanni Battista Della Porta aus Neapel.

Merkmale

Die Struktur dieses Drachens ist sehr einfach: Zwei Stäbe gleicher Länge kreuzen sich jeweils in der Mitte. An allen vier Enden ist die Abspannung in Form eines Rechtecks befestigt, dabei bilden die beiden Stäbe die Diagonalen des Rechtecks. Der Drachen hat in der Regel eine Dreipunktwaage und wird durch zwei Schwänze stabilisiert. Dieses Modell fliegt gut bei leichtem oder mäßigem Wind (ca. 10–30 km/h).

Der Bau des Della-Porta-Drachens

1 Zeichnen Sie auf einem Blatt ein Rechteck in der Größe, wie in Bild 1 angegeben, und schneiden Sie es aus. Sie können den Drachen auch in einer anderen Größe bauen, sollten dann aber darauf achten, dass das Verhältnis zwischen der längeren und der kürzeren Seite immer 3:2 beträgt. Das zukünftige Segel können Sie nach Belieben verzieren (am besten mit wasserfesten Filzstiften). Geben Sie beim Ausschneiden ein paar Zentimeter Rand zu, damit die Abspannung ordentlich angebracht werden kann.

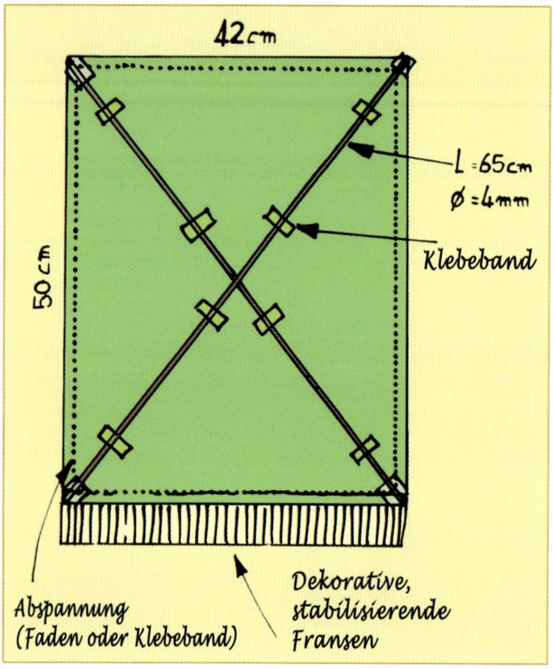

Bild 1

2 Kleben Sie als Abspannung Textilklebeband innerhalb des Rechtecks parallel zum äußeren Rand an.

3 Legen Sie die Stäbe, wie in Bild 1 gezeigt, auf das Blatt und befestigen Sie sie mit Klebeband. Kleben Sie die Stäbe an den Enden mit Textilklebeband fest, damit sie nicht wegrutschen (Bild 2).

4 Oberer Teil der Waage: Achtung – der Drachen fliegt mit dem Gestänge nach oben, es ist also von der Erde aus nicht zu sehen. Schneiden Sie ein Stück Schnur ab, das ungefähr die Länge der

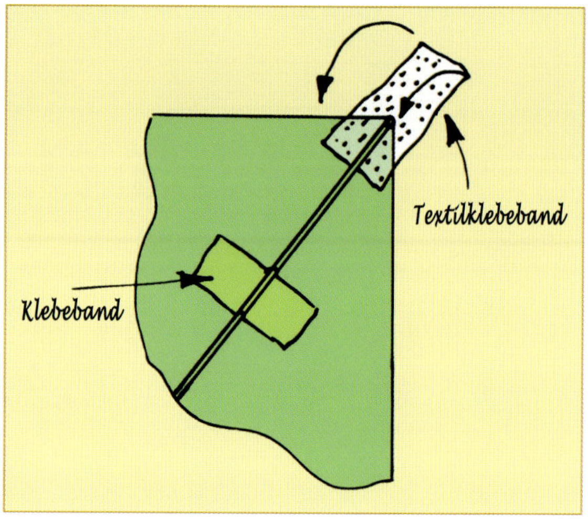

Bild 2: Befestigen der Stäbe

Diagonale des Rechtecks hat. Messen Sie von einer der beiden oberen Ecken des Rechtecks einen Zentimeter in Richtung des Stabs und vergewissern Sie sich, dass an dieser Stelle des Segels Textilklebeband angebracht ist. (Wenn es fehlt, kleben Sie es dort noch auf.) Bohren Sie mit dem Spitzbohrer dort ein Loch und ziehen Sie die Waageleine hindurch. Befestigen Sie diese mit einem Knoten am Stab. Wiederholen Sie diesen Schritt mit einem weiteren, ebenso langen Stück Schnur an der anderen oberen Ecke des Segels. (Achtung: Im Flug steht die kürzere Seite des Drachens am höchsten.) Bringen Sie die beiden Leinenenden mithilfe eines Überhandknotens an einem der Ringe an. Die zwei Waageschenkel müssen dabei genau gleich lang sein (Bild 3).

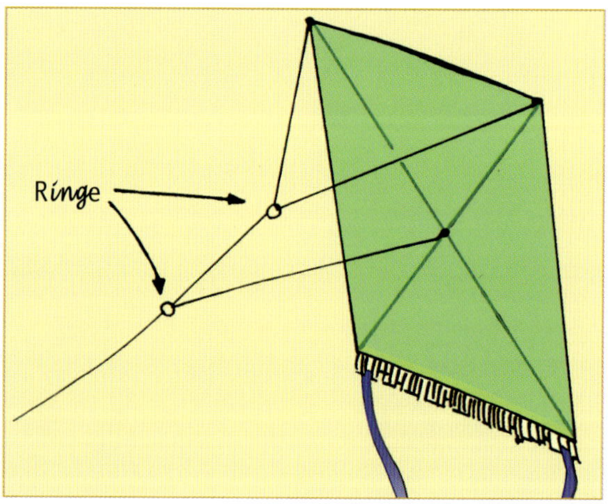

Bild 3: Waagesystem

5 Unterer Teil der Waage: Schneiden Sie noch einmal ein Stück Schnur ab, das ebenfalls so lang ist wie die Diagonale des Rechtecks. Damit das Segel nicht einreißt, verstärken Sie es in der Mitte des Rechtecks mit Textilklebeband. Stanzen Sie dort ein Loch und binden Sie ein Ende der Schnur am Kreuzungspunkt der beiden Stäbe fest (Bild 4). Knoten Sie das andere Ende der Schnur an dem Ring fest, an dem bereits die beiden anderen Schnüre angebracht sind. Messen Sie 20 cm von dort ab und bringen Sie dort den zweiten Ring an. An diesem Ring, der nur eine Waageleine hält, wird später auch die Spule befestigt.

Bild 4

6 Dekoration (optional): Schneiden Sie einen ca. 5 cm breiten Papierstreifen ab, der so lang ist wie die kürzere Seite des Rechtecks. Kleben Sie den Papierstreifen an die Unterseite des Drachens (siehe Bild 1) und schneiden Sie mit der Schere Fransen in den Streifen. Das Ergebnis sehen Sie in Bild 5.

Bild 5

7 Schwänze: Schneiden Sie vier Streifen Krepppapier zurecht, die mindestens dreimal so lang sind wie der Drachen selbst, und binden Sie jeweils zwei davon an das untere Ende der beiden Stäbe. (Sie können natürlich auch mit Klebeband arbeiten.) Die Schwänze können so bleiben, wie sie sind, Sie können sie aber auch verknoten, um ihre Wirksamkeit zu steigern (Bild 6).

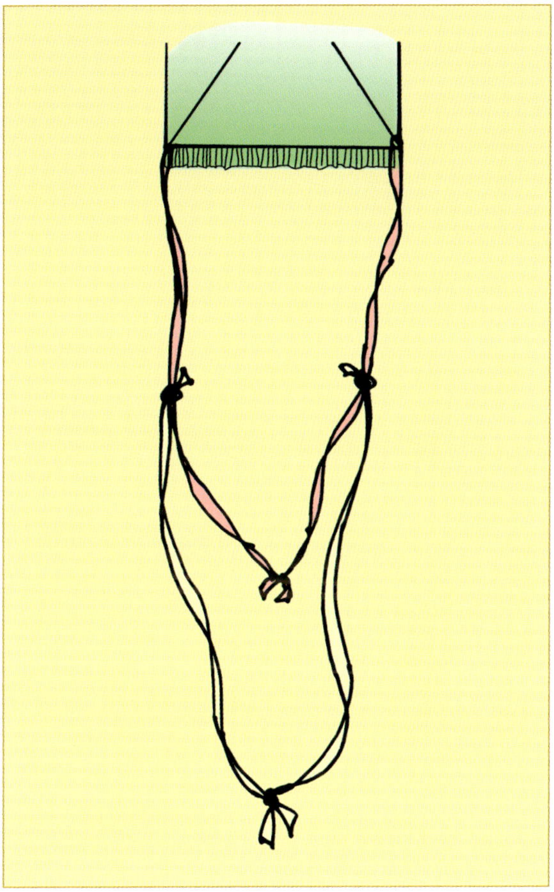

Bild 6

8 Bevor Sie den Drachen fliegen lassen, sollten Sie die Position der Ringe optimieren, indem Sie sie immer um 2 mm verschieben, bis die beste Position gefunden ist. Der höhere Ring sorgt dafür, dass der Drachen nach links oder nach rechts steuert: Bewegen Sie den Ring in die entgegengesetzte Richtung zu der, in die der Drachen schlingert. Der untere Ring reguliert den Winkel zwischen dem Drachen und der Erde. Bewegen Sie ihn bei starkem Wind nach vorn, bei schwachem Wind nach hinten.

Bogendrachen

Ein Drachen, der immer ganz hoch hinaus will

FAMILIE
Kreissegmentartige Flachdrachen

MATERIAL

- **Gestänge**
  Zwei 70 cm lange Pflanzenstäbe mit 4 mm Durchmesser
- **Abspannung**
  Paketschnur oder Polyestergarn
- **Segel**
  Seidenpapier
- **Schwanz**
  Krepp- oder Seidenpapier
- **Waage**
  Paketschnur
- **Leine**
  Paketschnur oder Nylonschnur (Zugfestigkeit: 8 kg)

ZEIT FÜR DEN ZUSAMMENBAU
3 Stunden

SCHWIERIGKEITSGRAD
Mittel. Kinder können ihn mithilfe von Erwachsenen bauen. Beim Bau einiger Teile werden scharfe Gegenstände benutzt und ein gewisses handwerkliches Geschick ist vonnöten.

Geschichte

Dieser Drachen mit nach unten gebogener Querspreize stammt aus der englischen und französischen Tradition und ist auf alten Kupferstichen aus dem 18. Jahrhundert dokumentiert. Die beiden Versionen unterscheiden sich ein wenig in ihrer Bauweise: Bei der englischen Version ist die Querspreize an der Längsspreize festgeklemmt; in der französischen Version steht sie etwas von der Längsspreize ab und ist stärker gebogen. Auch die Waagen unterscheiden sich: Die Waage des englischen Drachens ist an einer höheren Position angebracht als die des französischen. Aus diesem Grunde ist der englische Drachen langsamer, der französische hingegen zu schnelleren Bewegungen fähig.

Merkmale

Der Bogendrachen ist eine Weiterentwicklung des Rautendrachens bzw. der Rautendrachen ist eine einfachere Version des Bogendrachens. Tatsächlich ist der Bogendrachen schwerer zu bauen als der Rautendrachen. Dafür besitzt er aber einen entscheidenden Vorteil: Durch seine Machart kann ein gut gebauter Bogendrachen fast senkrecht nach unten gelenkt werden und dabei sehr dicht an den Piloten herankommen. Übrigens trägt dieser Drachen aufgrund seiner Form sowohl im Englischen wie im Französischen das Wort „Birne“ in seinem Namen („Peartop“ im Englischen und „Poire“ im Französischen).

Der Bau des Bogendrachens

Den Bauplan mit den entsprechenden Maßen sehen Sie in Bild 1.

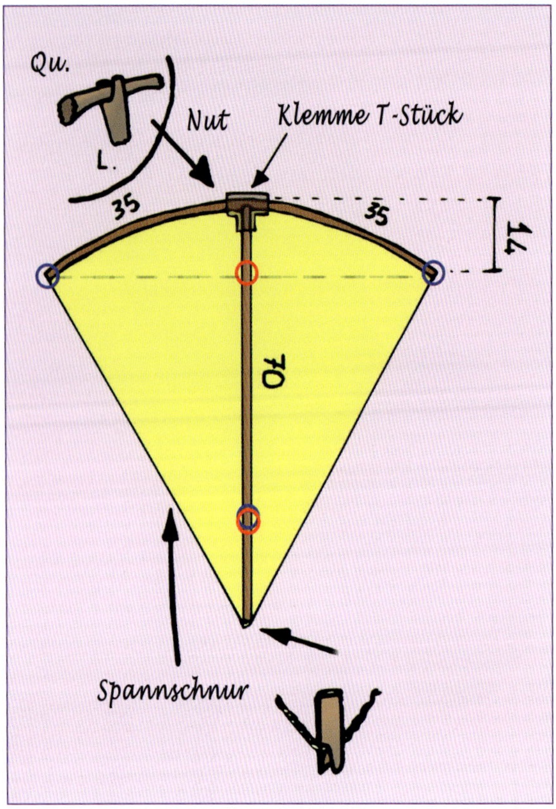

Bild 1: Bauplan für einen Bogendrachen

1 Längsspreize: Versehen Sie diese mit einer Nut (Bild 2), damit Sie Längs- und Querspreize verbinden können. Bearbeiten Sie die Längsspreize dazu erst mit einem Messer und dann mit einer Feile.

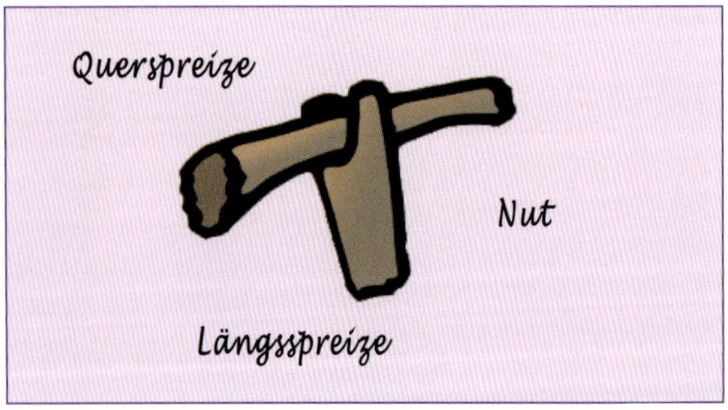

Bild 2: Beispiel für eine Nut

2 Querspreize: Kerben Sie beide Enden 5 mm tief ein. Markieren Sie mit einem Stift die Mitte des Stabes. Legen Sie die Querspreize an das eine Ende der Längsspreize. Um sie zu fixieren, binden Sie die beiden Spreizen mit einem Faden aneinander und kleben diesen dann noch zusätzlich fest. Alternativ dazu können Sie auch ein Verbindungsstück aus zwei Stücken Gartenschlauch herstellen (Bild 3). Eine Anleitung zum Bau des Verbindungsstücks finden Sie im Kapitel „Drachenbau" (S. 8/9). Binden Sie das Verbindungsstück gut an der Längsspreize fest.

> **ACHTUNG!**
>
> **Schneiden Sie nicht in die Mitte der Querspreize, da diese sonst beim geringsten Druck bricht. Sie müssen an beiden Enden eine 5 mm tiefe Einkerbung machen, in der dann die Spannschnur befestigt wird.**

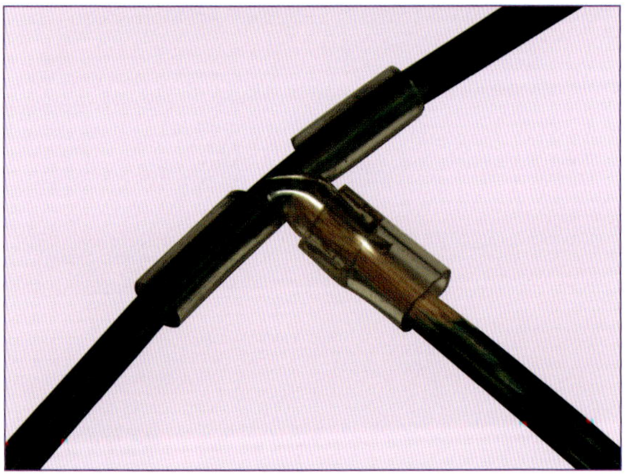

Bild 3: Verbindung für die Stäbe

3 Um die Querspreize zu biegen, müssen Sie die Spannschnur an einer der vorbereiteten Einkerbungen befestigen (Bild 4). Wickeln Sie dort die Schnur 2- bis 3-mal um die Querspreize und knoten Sie sie gut fest. Achten Sie darauf, dass die Spannschnur in der Einkerbung festgeklemmt ist, und befestigen Sie sie dann auch am anderen Ende der Querspreize, aber knoten Sie sie dort noch nicht fest.

Bild 4: Detailansicht vom Ende der Querspreize

Ziehen Sie vorsichtig immer weiter an einem Ende der Schnur, bis der Stab so gebogen ist, wie Sie ihn haben möchten.

Stäbe mit größerem Durchmesser lassen sich leichter bearbeiten, wenn man sie einige Stunden in heißem Wasser einweicht.

4 Schneiden Sie das Segel mit einem zusätzlichen Rand von 2–3 cm aus. Falten Sie den überstehenden Rand über die Querspreize und die Spannschnur. Kleben Sie alles mit gleichmäßig verteiltem Klebstoff zusammen (Bild 5). Gehen Sie bei der Befestigung des Verbindungsstücks vorsichtig vor (Bild 6).

Bild 5: Vorsichtig schneiden und stückweise ankleben, damit das Segel nicht reißt.

5 Dieser Drachen erfordert eine Zwei- oder Dreipunktwaage. In Bild 1 sind die entsprechenden Punkte durch rote bzw. blaue Kreise markiert. Stanzen Sie dort mit einem spitzen Gegenstand Löcher ein, durch die die Schnur gezogen werden kann. Um das Segel nicht zu beschädigen, benutzen Sie Lochverstärkungsringe (wie im Kapitel „Rautendrachen" beschrieben). Damit die Waage nicht von der Längsspreize abrutscht, binden und kleben Sie sie fest. (Es gibt sicher noch andere Möglichkeiten – wir überlassen es Ihrer Fantasie, sie zu finden.)

6 Kleben Sie zuletzt einige Schwänze an das untere Ende des Drachens. Die Schwänze müssen 3–4 cm breit sein und etwa dreimal so lang wie der Drachen selbst. Die genaue Länge muss allerdings der Windstärke angepasst werden, deshalb denken Sie daran, eine Schere und Klebstoff mit nach draußen zu nehmen. Sie können auch ein paar kurze Schwänze (ca. 30–40 cm) an den beiden Enden der Querspreize anbringen. Diese haben zugleich eine dekorative und stabilisierende Wirkung.

Der Drachen muss symmetrisch sein! Messen Sie die Länge der beiden Waageleinen genau ab und binden Sie die Abspannung erst endgültig fest, wenn Sie sicher sind, dass die beiden Leinen gleich lang sind.

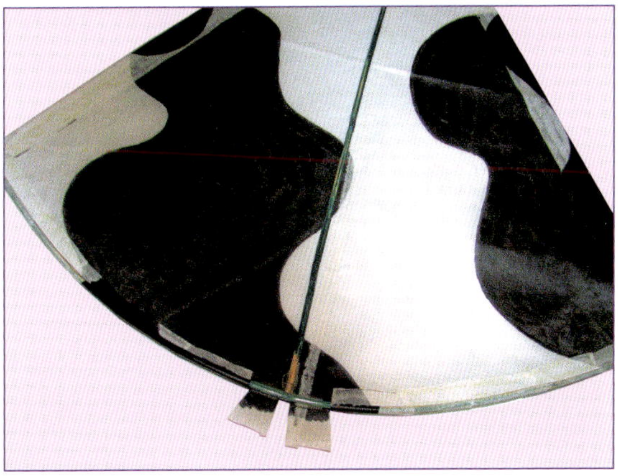

Bild 6: Befestigen des Verbindungsstücks

Eddy-Drachen

Der erste Luftfotograf

FAMILIE
Diamantdrachen

MATERIAL

- **Gestänge**
  Holzstäbe mit 5–6 mm Durchmesser
- **Abspannung**
  Paketschnur oder Polyestergarn
- **Segel**
  Seidenpapier oder bunte Kunststofffolie
- **Schwanz**
  Nicht notwendig
- **Waage**
  Paketschnur
- **Leine**
  Paketschnur oder Nylon-Angelschnur mit hoher Zugfestigkeit (mindestens 6–8 kg)
- **Weitere Materialien und Werkzeuge**
  Eine Holzwäscheklammer und eine 2 mm dicke Flachfeile für Holz

ZEIT FÜR DEN ZUSAMMENBAU
4 1/2 Stunden

SCHWIERIGKEITSGRAD
Mittel. Die Herstellung einiger Teile erfordert einen handwerklich begabten Erwachsenen.

Geschichte

Dieser Drachen wurde bereits im 19. Jahrhundert erfunden. Seine Erfindung wird dem amerikanischen Journalisten William Abner Eddy (1850–1909) zugeschrieben, der 1898 das Patent für diesen ohne Schwanz fliegenden Drachen anmeldete (den er „Kite" nannte, englisch für „Drachen"). Mit einem Eddy konnte man viele Drachen in einer Kette aneinanderreihen, diese mit Wettermessgeräten ausstatten, in große Höhen aufsteigen lassen und auch wieder heil zur Erde zurückbringen. Das Patent wurde 1900 erteilt, allerdings scheiden sich die Geister, ob Eddy wirklich der Erfinder dieses Drachenmodells war. Bereits um 1893 hatten der Engländer Douglas Archibald, der Franzose Arthur Batut sowie die Amerikaner Millet und Henshaw ähnliche Drachen eingesetzt, um Luftaufnahmen zu machen (die ersten Fotografien entstanden in jenen Jahren); allerdings hatten sie ihre Versionen nicht patentieren lassen. Eddy gab zu, dass er sich von der Form des javanischen Malay-Drachen hatte inspirieren lassen, den er in einer Ausstellung zum ersten Mal gesehen hatte.

Merkmale

Der Eddy ist einer der besten Drachen, da er sehr stabil ist und sich leicht in die Luft erheben kann. Auch heute noch wird er in der sogenannten KAP (Kite Aereal Photography: Luftaufnahmen mit Hilfe von Drachen) benutzt. Zudem dient er oft als Pilotdrachen für kleinere Drachen (normalerweise Rautendrachen) in einer Drachenkette. Im Kleinformat sieht man ihn auch oft allein fliegen. Er ist der ideale Stranddrachen und für fast jede Windstärke geeignet. Vom Aufbau her ähnelt er dem Rautendrachen. Er unterscheidet sich allerdings von diesem durch seine nach oben gebogene Querspreize. Außerdem hat er in der Regel keine Schwänze (man kann diese allerdings zu Dekorationszwecken anbringen oder um Konstruktionsfehler zu beheben). Die einzelnen Stäbe des Gestänges sind gleich lang und werden so angebracht, dass sie die Schlingen und Ösen der Abspannung halten können, mit der das Segel am Gestänge befestigt ist. Die Proportionen des Segels und die Waagepunkte sind etwas anders als beim Rautendrachen.

Der Bau des Eddy-Drachens

Der Urtyp des Eddy lässt sich schwer nachbauen, da er sehr groß und mit einigen Metallstücken zur Verbindung bestimmter Teile ausgestattet war. Wir schlagen Ihnen deshalb eine kleinere Variante vor, die einfach zu basteln ist. (Bild 1 zeigt Ihnen den Bauplan des Eddy in Originalgröße.)

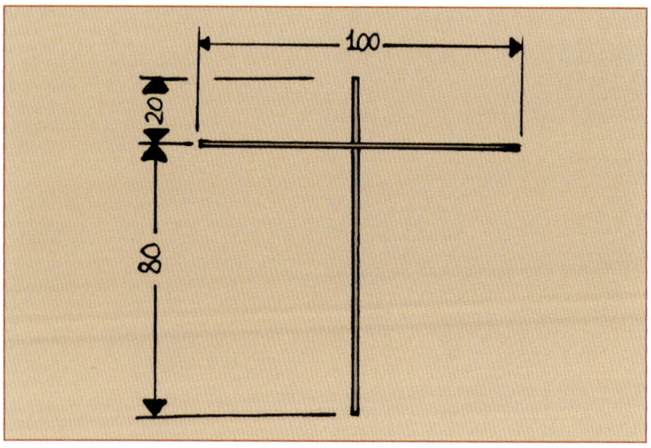

Bild 1: Die Maße des Gestänges in cm

1 Besorgen Sie sich zwei gleich große Stäbe, am besten quadratische. (Das macht Ihnen die Arbeit leichter, aber zur Not gehen auch runde Stäbe.) Zeichnen Sie ein Segel, dessen kürzere Diagonale etwas länger ist als das Gestänge (siehe Bild 2). Dadurch kann sich das Segel, wenn es am Gestänge befestigt ist, etwas wölben. Während des Fluges bildet der Wind im unteren Teil zwei „Taschen", die den Drachen stabilisieren. Wenn Sie das Segel ausschneiden, geben Sie einen Rand von ca. 2 cm

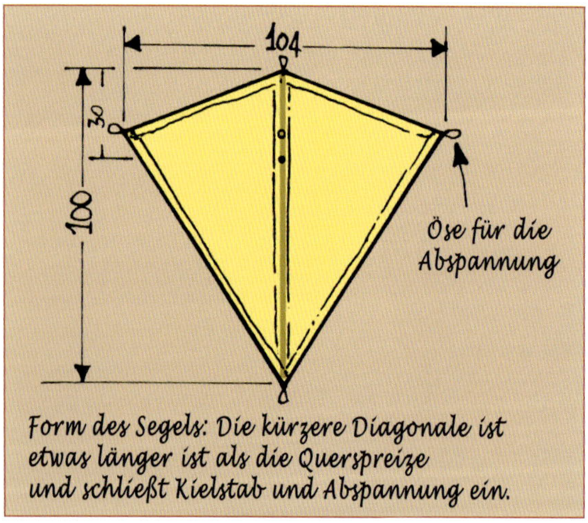

Bild 2: Beispiel für ein Segel

zu, damit Sie genügend Platz für die Abspannung haben (äußerer Rand in Bild 2).

2 Verstärken Sie das Segel durch die Abspannung. Klappen Sie die Ränder des Segels nach oben um und kleben Sie die Schnur unter dem umgeklappten Rand fest.

3 Achtung: Lassen Sie an den Ecken des Segels die Schnur 15–20 cm herausstehen: Damit müssen Sie später das Segel am Gestänge festbinden (Bild 3).

4 Kerben Sie die beiden Stäbe an den Enden ca. 6 mm ein (Bild 4). Verbreitern Sie die Einschnitte, indem Sie einige Male mit der Flachfeile durch die Kerben fahren.

5 Schieben Sie durch die Kerben in der Querspreize eine Spannschnur und biegen Sie mit ihrer Hilfe die Spreize (Bild 4). Der größtmögliche Abstand

Bild 3: Das Besondere: Ösen an den Ecken des Segels

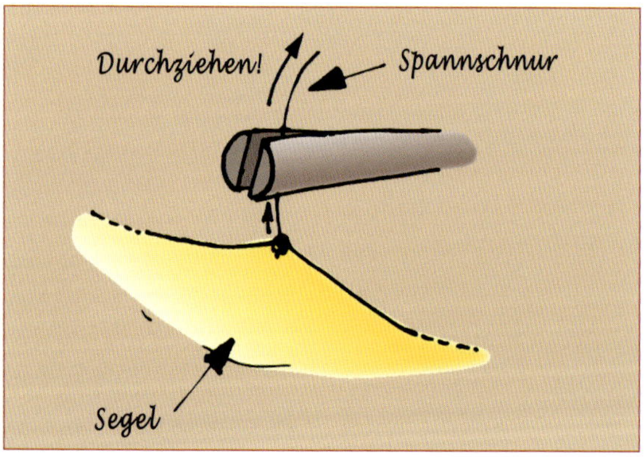

Bild 4: Die Befestigung des Segels am Gestänge

zwischen Querspreize und Schnur sollte 10% der Länge des Drachens haben. Wenn starker Wind weht oder Sie den Drachen zusätzlich stabilisieren möchten, ziehen Sie die Schnur noch weiter, sodass die Kurve noch steiler wird. (Aber nicht übertreiben, sonst besteht die Gefahr, dass Sie den Drachen beschädigen!)

6 Bringen Sie das Segel an der Abspannung an, wie in Bild 4 gezeigt, und kleben Sie einen Streifen Seidenpapier oder Klebeband so an, dass der Kielstab bedeckt ist (außer an der Stelle, wo sich die beiden Stäbe kreuzen). Achtung: Der Kielstab sollte sich exakt auf der Linie befinden, die Nase und Schwanz miteinander bilden. Wenn Sie alles gut gemacht haben, müsste Ihr Drachen ähnlich aussehen wie in Bild 5.

7 Befestigen Sie die Waage, wie in Bild 6 gezeigt. Der Einfachheit halber können Sie den oberen Waagepunkt am Kreuzungspunkt der beiden Stäbe anbringen. Tatsächlich liegt der Schwerpunkt des Eddy ein Stück tiefer, etwa auf 30% des Kielstabs. Wenn Sie die Waage dort anbringen möchten, müssen Sie verhindern, dass der Knoten den Kielstab hinunterrutscht und das Segel reißt. Bild 7 zeigt Ihnen, wie sich dies mit Hilfe einer halbierten hölzernen Wäscheklammer vermeiden lässt. Dieses Befestigungssystem hält besser, wenn die Klammer am Stab festgeklebt und festgebunden wird und dabei auch der Faden selbst mit angeklebt wird. Um zu verhindern, dass sich der untere Waagepunkt verschiebt, genügt es, an

Bild 5: Der fertige Eddy

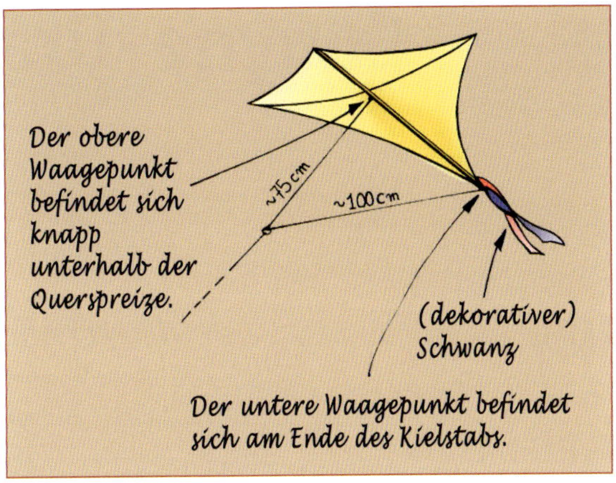

Bild 6: Die Waagepunkte

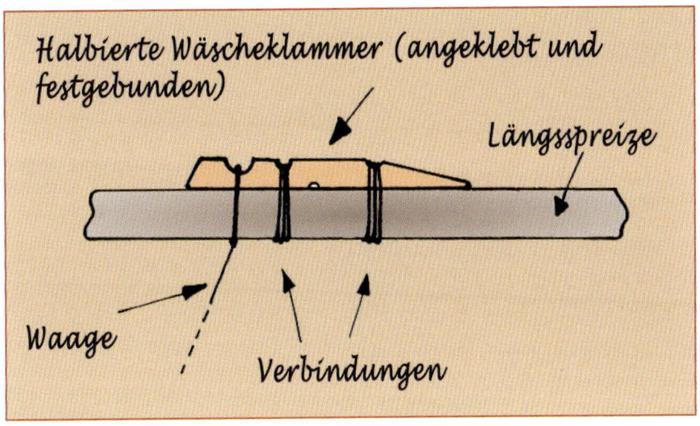

Bild 7: Befestigungssystem für die Waage

der kritischen Stelle einen kleinen Einschnitt zu machen, der den Faden festhält. (Dieser Schnitt sollte ungefähr so tief sein wie die Schnur dick und 1 mm breit.) Auch hier empfiehlt es sich, alles mit einer Schicht Klebstoff zu festigen.

8 Verbinden Sie die beiden Waageleinen mit einem Metallring, damit Sie die Flugposition verändern können. (Die Maßangaben in Bild 6 dienen nur als Richtlinie.)

Ein Schwanz ist nicht nötig. Sie können jedoch zu Dekorationszwecken einen kurzen, ca. 50 cm langen Schwanz anbringen. Einen längeren Schwanz bräuchten Sie nur, um den Drachen zu stabilisieren, falls die Spannung des Segels und der Querspreize nicht groß genug wäre.

Conyne-Drachen

Einer der besten Flieger überhaupt

FAMILIE
Zellendrachen

MATERIAL

- **Gestänge**
  4 Pflanzenstäbe oder Bambusspieße
- **Abspannung**
  Paketschnur oder Klebeband
- **Segel**
  Seidenpapier, Plastiktüten oder Kunststoff-Müllbeutel, Zeitungspapier o.ä.
- **Schwanz**
  Nicht notwendig
- **Waage und Leine**
  Paketschnur, Polyestergarn oder ähnlich widerstandsfähiges Material

ZEIT FÜR DEN ZUSAMMENBAU
6 Stunden

SCHWIERIGKEITSGRAD
Mittel bis hoch. Kinder können ihn mit Hilfe von Erwachsenen bauen. Sowohl der Bau der Einzelteile als auch die Zusammensetzung erfordern Geschick und sorgfältiges Arbeiten.

Geschichte

Dieser Drachen ist einer der besten Flieger überhaupt. Er wurde 1902 von dem amerikanischen Ingenieur Silas J. Conyne patentiert, nach dem er benannt wurde. Er ist auch als „französischer Militärdrachen" bekannt, da das französische Militär diesen Drachen im Deutsch-Französischen Krieg (1870/71) zum Versenden von Signalen benutzte. Ende des 19. und Anfang des 20. Jahrhunderts wurden Drachen oftmals im Krieg eingesetzt, und zwar nicht nur, um Gegenstände zu transportieren. Manche Modelle konnten sogar Menschen durch die Luft tragen. Man fand heraus, dass die Zellenstruktur (von der diese Drachenfamilie ihren Namen hat) zusammen mit Segeln in bestimmten Formen einen viel stabileren Flug ermöglichte als die traditionellen Modelle (Bild 1). Um die Leistung des Drachens zu steigern, setzte man zusätzlich waagerechte Zellen ein, durch die der Drachen leichter nach oben stieg. Die Idee, Motoren in den Zellendrachen einzubauen, führte schließlich zur Entwicklung der ersten Flugzeuge.

Bild 1: Drachen mit zwei dreieckigen Zellen (ein bis ins 19. Jahrhundert verwendetes Modell)

Der Bau des Conyne-Drachens

Der Conyne besteht aus zwei Zellen in Form von regelmäßigen, dreieckigen Prismen, an denen zwei Flügel befestigt sind (Bild 2).

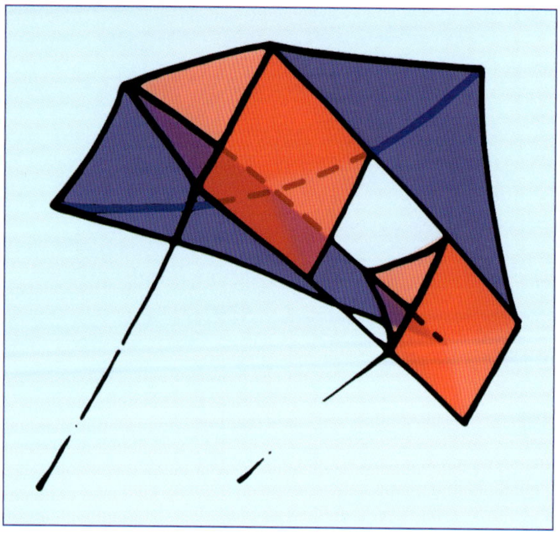

Bild 2

Beide Zellen sind gleich lang und gleich breit und machen insgesamt 30% der Länge des Drachens aus (Bild 3).

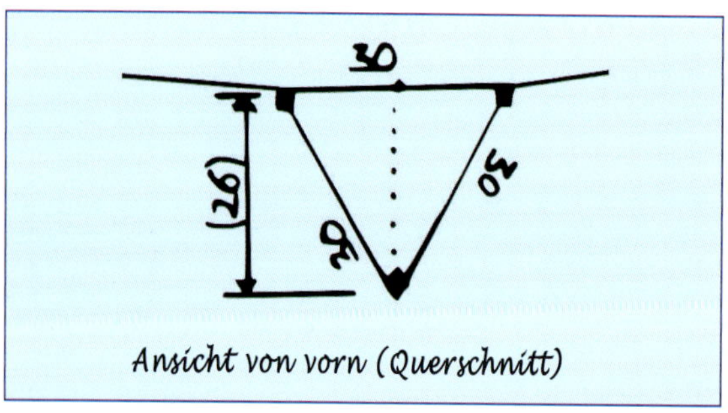

Bild 3

Die Querspreize kreuzt die beiden oberen Längsspreizen am Ende der vorderen Zelle. Das Modell lässt sich stabilisieren, indem man zwischen die Enden der Querspreize einen Faden spannt, um diese so nach oben zu krümmen wie beim Eddy (Bild 4). Die beiden Oberflächen der Flügel werden mit einer Spannschnur zusammengehalten, die

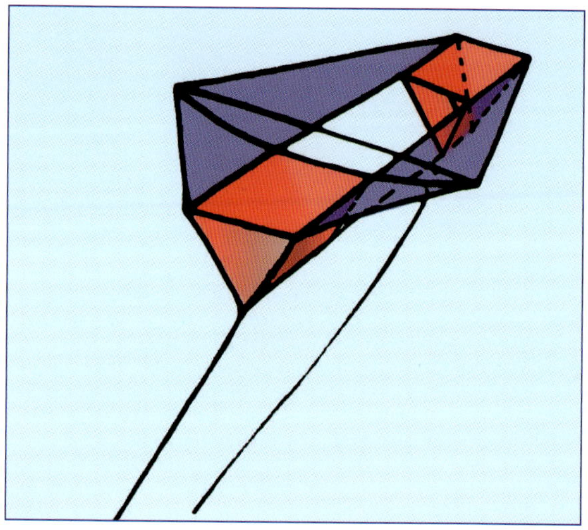

Bild 4

zwischen den beiden Enden der oberen Längsspreizen angebracht wird.
Auch die Enden der Querspreize werden von der Spannschnur gehalten (Bild 5).

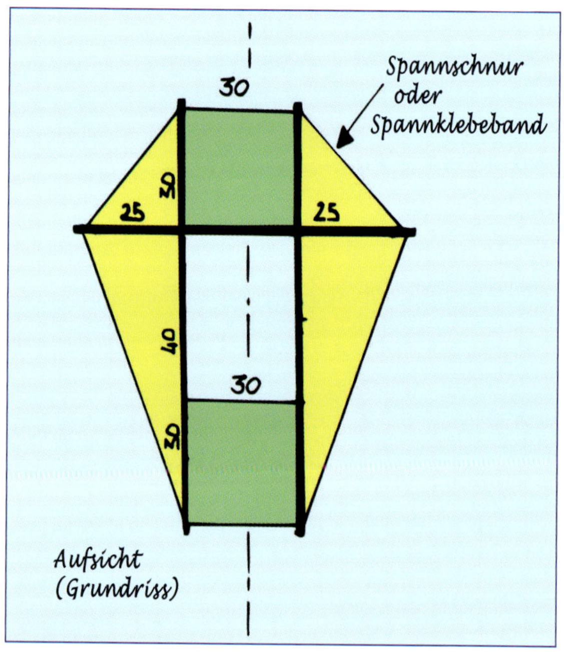

Bild 5

Die untere Längsspreize wird mithilfe der Abspannung am Rand der Zellen befestigt (Bild 6). Wir empfehlen Ihnen, für die Abspannung dasselbe Material wie später für die Waage zu benutzen, damit beides ideal zusammenpasst.

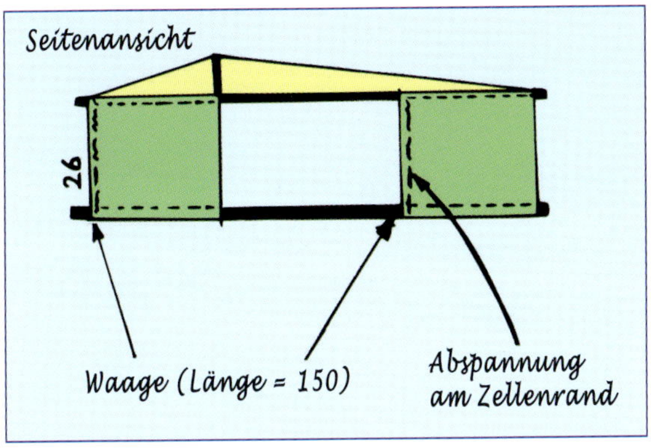

Bild 6

Bild 7

Im Flug werden die Zellen vom Wind selbst in der Luft gehalten. Die Waage, die etwa 1,5-mal so lang ist wie der Drachen, ist eine Zweipunktwaage. Die Waagepunkte werden an der unteren Längsspreize am vorderen Rand der Zellen angebracht (Bild 6). Die richtige Position des Waagerings müssen Sie im Freien finden, je nachdem wie stark der Wind weht. Wenn Sie Stäbe verwenden, die etwas länger sind als in den Zeichnungen angegeben, sollten ihre Enden ca. 1 cm über den Rand der Zellen hinausstehen. Dadurch können Sie die einzelnen Teile besser befestigen, ohne befürchten zu müssen, dass dabei das Segel reißt.

Damit die Waage nicht an den Längsspreizen hinunterrutscht, schneiden Sie mit einem scharfen Messer kleine Kerben ins Holz und ziehen die Schnur dort hindurch (Bild 7). Schneiden Sie dabei nicht zu tief ins Holz, da sonst das Gestänge brechen kann, wenn während des Flugs erhebliche Kräfte darauf einwirken (z. B. bei böigem Wind).

Vogeldrachen

Kaum einer ist eleganter

FAMILIE
Flachdrachen

MATERIAL

- **Gestänge**
  Zwei 70 cm lange Stäbe mit 4 mm Durchmesser und ein 100 cm langer Stab mit 6 mm Durchmesser (für die Querspreize)
- **Abspannung**
  Paketschnur oder Polyestergarn
- **Segel**
  Seidenpapier
- **Schwanz**
  Seiden- oder Krepppapier
- **Waage**
  Paketschnur
- **Leine**
  Paketschnur oder Nylon- bzw. Polyestergarn (Zugfestigkeit: mindestens 8 kg)

ZEIT FÜR DEN ZUSAMMENBAU
5 Stunden

SCHWIERIGKEITSGRAD
Mittel bis hoch. Kinder können ihn mit Hilfe von Erwachsenen basteln. Der Bau erfordert handwerkliches Geschick und das richtige Anbringen der Waagepunkte ist ziemlich schwierig.

Geschichte

Vor einigen Jahrzehnten wurde dieser Drachen besonders für seinen eleganten Flug bewundert, denn er sah aus wie ein Raubvogel mit gespreizten Flügeln. In Frankreich ist er als „fliegender Hirsch" bekannt („cerf volant", der gängige französische Name für Drachen), in Deutschland kennt man ihn schlicht unter dem Namen „Drachen". In jedem Land wird er ein wenig anders gebaut, was an unterschiedlichen Verwendungszwecken liegt. In Großbritannien wurde er bei der Rebhuhnjagd eingesetzt, um die Beute zu erschrecken. Da die Hühner die Anwesenheit eines „Raubvogels" fürchteten, blieben sie reglos in ihrem Versteck, anstatt wegzufliegen. In China hingegen wird der Vogeldrachen noch heute als Vogelscheuche eingesetzt. Im Allgemeinen ist diese Drachenart aber heute weniger verbreitet, vielleicht weil in den letzten Jahren so viele andere, modernere Modelle mit technischen Neuerungen auf den Markt gekommen sind, darunter auch Drachen, die Vögeln ähnlich sehen.
So sieht man zum Beispiel zur Zeit nicht selten verschiedene Varianten des Deltadrachens in der Luft, die so gestaltet sind, dass sie an Möwen, Fledermäuse oder Rabenschwärme erinnern.
Ihre grazile Gestalt und Leichtigkeit verdanken sie dabei den Karbonrohren.

Merkmale

Von seiner Machart her gehört der Vogeldrachen zur Familie der Rauten- oder Bogendrachen.
Er unterscheidet sich von diesen durch die zwei Längsspreizen und eine stark gebogene Querspreize. Der Vogeldrachen sieht zwar elegant aus, er gehört aber nicht zu den besten Fliegern. Um ihn zu stabilisieren, ist eine Vier- oder Fünfpunktwaage nötig. Man sollte also keine besonderen Leistungen von diesem Modell erwarten. Es lohnt sich trotzdem, diesen Drachen zu bauen, weil er einfach elegant aussieht.

Der Bau des Vogeldrachens

1 Binden Sie die beiden Längsspreizen an den Enden fest zusammen, sodass sie einen Winkel von 15–20° bilden (Bild 1).

Bild 1

2 Im zweiten Schritt biegen Sie die Querspreize, indem sie an beiden Enden einen reißfesten Faden anbringen und jeweils ein Ende mit einer der beiden Längsspreizen verbinden, ähnlich wie bei der Konstruktion des Bogendrachens (Bild 2).

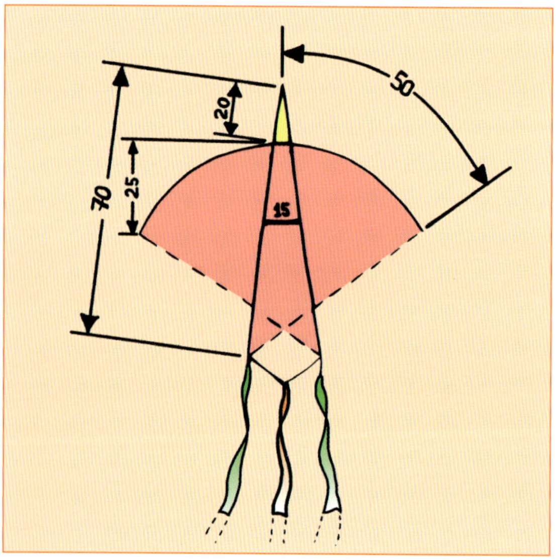

Bild 2

3 Oder Sie binden die beiden Fadenenden zusammen wie beim Eddy (Bild 3).
Die Spannschnüre werden Teil der Abspannung. Im ersten Fall wirkt die Zugkraft auf die Längsspreizen, die sich dann auch etwas verformen, und zwar um so mehr, je mehr Spannung auf dem Faden liegt.

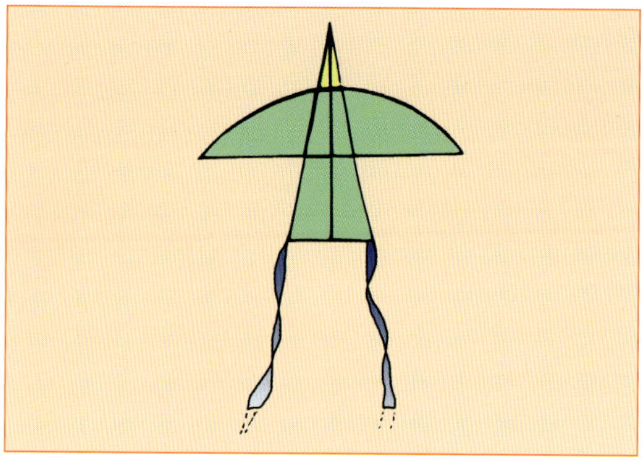

Bild 3: Alternative

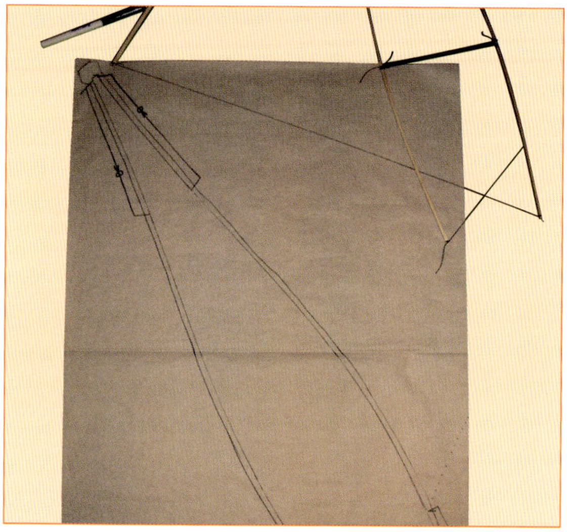

4 Zeichnen Sie die Form des Segels. Fangen Sie dabei in der Mitte an.

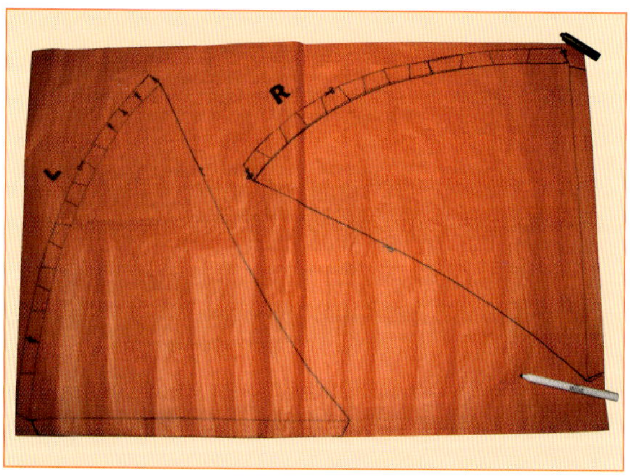

5 Zeichnen Sie jetzt die Flügel.

ACHTUNG:

Die Spannschnüre müssen gleich lang sein, sonst wird das Gestänge nicht symmetrisch. Um Asymmetrie zu verhindern, verwenden Sie einen dünnen, 15 cm langen Stab als Spreizstab. Bereiten Sie ihn so vor, dass er sich zwischen die beiden Längsspreizen stecken lässt, ohne durch den Druck wegzurutschen. (Vorschlag: Fertigen Sie mithilfe einer Rundfeile aus zwei Holzstückchen je ein halbkreisförmiges Element, das Sie an den Enden des Spreizstabs als Verbindungsstücke anbringen. Befestigen Sie die Verbindungsstücke mit Faden oder Klebstoff an den beiden Längsspreizen.)

6 Schneiden Sie die einzelnen Teile des Segels aus und fügen Sie sie zusammen. Kleben Sie aber noch nicht das Gestänge an, denn es dient vorläufig nur zur Orientierung.

7 Heben Sie mit einer Messerspitze das Segel vom Rand und bringen Sie mit einer anderen den Klebstoff an.

8 Das Segel ist fertig.

9 Nun muss das Segel befestigt werden.

10 Wie Sie das Segel an dem gebogenen Stab befestigen, zeigt Ihnen das Foto.

11 So sollte Ihr fertiges Modell aussehen.

Wie bereits gesagt, benötigt dieses Modell für einen sicheren Flug eine Vier- oder Fünfpunktwaage (Bild 4).

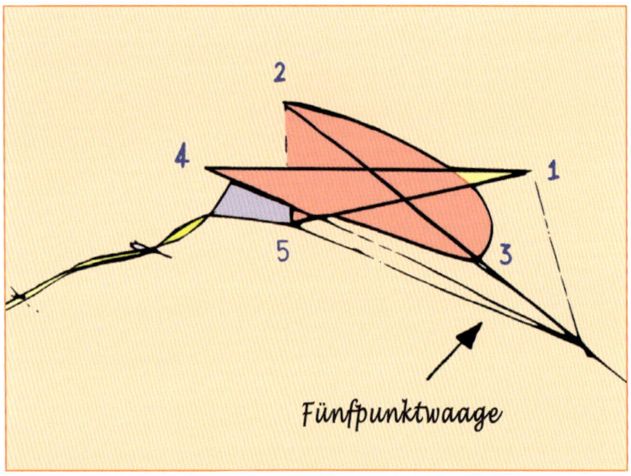

Bild 4

Eine Fünfpunktwaage einzustellen, ist nicht ganz einfach. Um sich das etwas zu erleichtern, können Sie die Waage in verschiedene Zweipunktwaagen zerlegen, dann lässt sie sich besser einstellen (Bild 5). So erhöht sich allerdings auch die Anzahl der benötigten Waageringe.

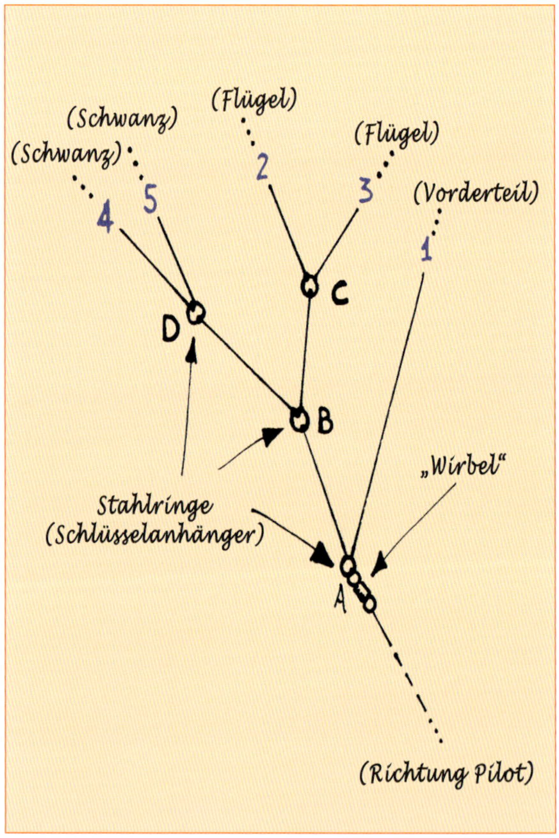

Bild 5: Die Fünfpunktwaage. Dabei muss jeder Ring einzeln eingestellt werden (und dazu braucht man etwas Geduld!).

12 Wenn das Segel befestigt ist, bohren Sie mit dem Spitzbohrer Löcher in die Stäbe.

13 Fädeln Sie die Waageleine durch die Löcher und verknoten Sie sie mit Slipsteks am Gestänge.

14 Um den vorderen Waagepunkt (in den Bildern 4 und 5 mit „1“ bezeichnet) anzubinden, ziehen Sie eine Öse durch das Loch an der Spitze und wickeln sie dort mehrmals über die Spitze.

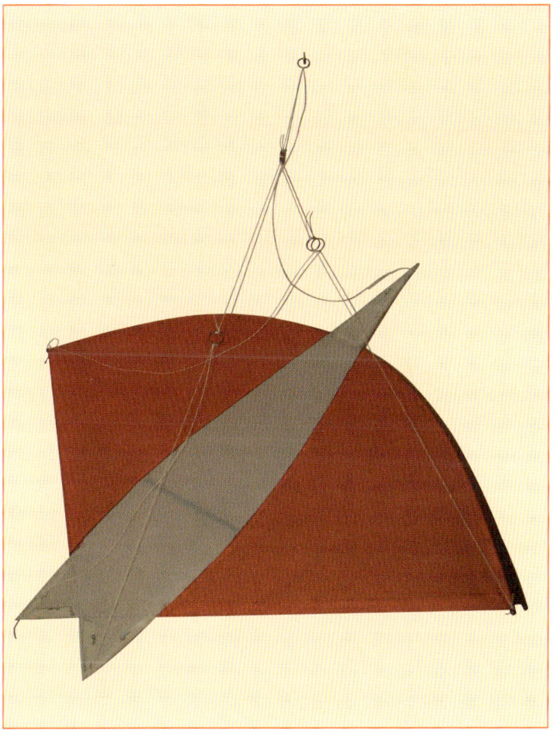

15 Der Vogeldrachen ist fertig.

Bevor Sie den Drachen fliegen lassen, befestigen Sie mit Klebeband zwei oder drei Schwänze, wie in Bild 2 gezeigt. Wie immer bestimmen Sie die richtige Länge der Schwänze im Freien je nach Flugposition und Windstärke.

Deltadrachen

Stark – auch bei kräftigem Wind

FAMILIE
Dreiecksdrachen

MATERIAL

- **Gestänge**
  4 Holz- oder Pflanzenstäbe
- **Abspannung**
  Paketschnur oder Klebeband
- **Segel**
  Plastiktüte oder Kunststoff-Müllbeutel
- **Schwanz**
  Krepppapier oder Kunststofffolie
- **Waage und Leine**
  Paketschnur, Polyestergarn oder ähnlich widerstandsfähiges Material

ZEIT FÜR DEN ZUSAMMENBAU
6 Stunden

SCHWIERIGKEITSGRAD

Hoch. Kinder können ihn mithilfe von Erwachsenen bauen. Sowohl der Bau der Einzelteile als auch der Zusammenbau erfordern aber Geschick und sorgfältiges Arbeiten.

Geschichte

Der Name dieses Drachens ist von seiner Form abgeleitet, er sieht nämlich so ähnlich aus wie der vierte Buchstabe des griechischen Alphabets („Δ" = delta). Der Deltadrachen ist ein sehr guter und flexibler Segler, der in der „Flotte" eines Hobbydrachenbastlers nicht fehlen sollte. Wenn der Wind stark genug weht und die Flügel weit genug ausgebreitet sind hat er eine beachtliche Zugkraft. Deswegen wird er gern für die KAP (Kite Aereal Photography: Luftaufnahmen mit Hilfe von Drachen) genutzt, denn mit einem Delta lassen sich auch Fotoapparate in die Höhe transportieren.

Merkmale

Das Geheimnis des Delta liegt in seinem besonderen Gestänge. Die Stäbe sind nicht wie bei traditionellen Drachen fest miteinander verbunden, sondern können sich unabhängig voneinander bewegen. Die Längsspreizen der Flügel liegen auf der Querspreize auf, die nicht mit dem zentralen Kielstab verbunden ist. So kann sich der Delta gut dem Wind anpassen und mit ihm schweben, anstatt gegen ihn zu kämpfen. Der Wind selbst stützt die Flügel. Die Stabilität nimmt zu, wenn man eine kürzere Querspreize verwendet, denn dann wird der Anstellwinkel steiler. Mithilfe verschieden langer Querspreizen können Sie den Drachen für jede Windstärke flugtüchtig machen. Auch der Kiel stabilisiert den Delta. Er dient zugleich als Waagepunkt, deshalb muss man das Segel dort verstärken, damit es allen Zugkräften standhält. Dank seiner besonderen Struktur kann der Delta auch bei starkem Wind fliegen. Er kann seine Form sogar automatisch an unterschiedliche Bedingungen anpassen.

In Bild 1 sind die Merkmale des Delta im Grundriss zur Veranschaulichung dargestellt.

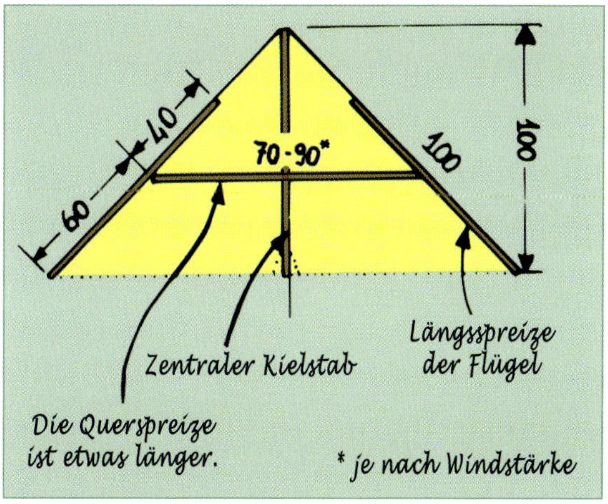

Bild 1: Grundriss des Delta. Die Zahlen stehen für die Proportionen.

ACHTUNG:

Dieser Drachen kann eine starke Zugkraft entwickeln. Wenn der Wind stark weht, empfiehlt es sich Arbeitshandschuhe zu tragen!

Der Bau des Deltadrachens

(Original-Bauplan nach Oliviero Olivieri, Rom)

Der Delta ist weit verbreitet. Im Handel finden sich zahlreiche Modelle verschiedener Arten und Größenordnungen. Die Preise können zwischen ein paar und einigen hundert Euro liegen. Das Modell, das wir Ihnen hier vorstellen, gehört zu den preisgünstigeren Varianten. Das Segel lässt sich aus einem Kunststoff-Müllbeutel ausschneiden. (Sie können auch bunte Kunststofffolie verwenden.)
Sind Sie bereit?
Sie brauchen folgende Werkzeuge und Materialien:

- Einen großen Kunststoff-Müllbeutel, 70 cm x 100 cm
- Drei 75 cm lange Stäbe mit 6 mm Durchmesser, einen Stab von 80 cm Länge und 8 mm Durchmesser
- 4–5 cm breites Textilklebeband und Klebefilm
- Ein 20 cm langes Stück Benzin- oder Gartenschlauch mit 6 mm Innendurchmesser
- Schere
- Einen Bleistift und einen dünnen, wasserfesten Filzstift
- Stanzzange, Cutter, Säge und Feile

1 Breiten Sie den Müllbeutel auf der Arbeitsplatte aus. Achtung: Der Beutel besteht aus zwei Lagen Folie. Stellen Sie immer sicher, dass die beiden Lagen sich komplett überlappen. Malen Sie mit dem Filzstift ein Rechteck auf, wie in Bild 1 angegeben, und schneiden Sie es sorgfältig aus.

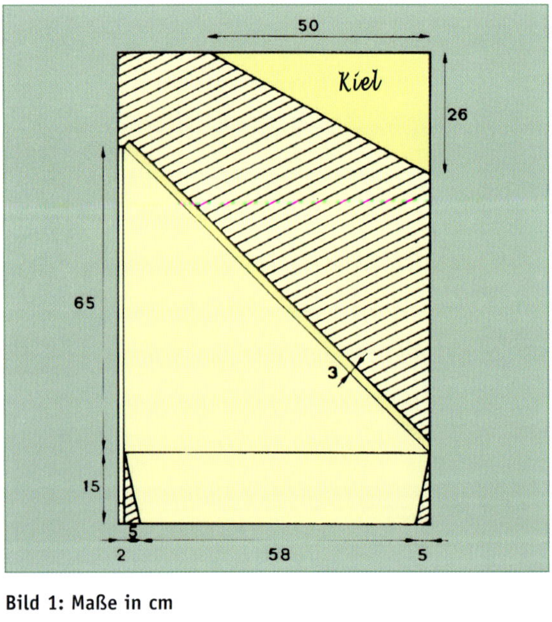

Bild 1: Maße in cm

2 Bringen Sie den Kiel an. Befestigen Sie dazu die längste Seite des Kiels mit durchsichtigem Klebefilm an beiden Seiten am Segel und verstärken Sie dann die am stärksten belasteten Teile (durch die später die Leine gezogen wird) zusätzlich mit Textilklebeband (Bild 2).

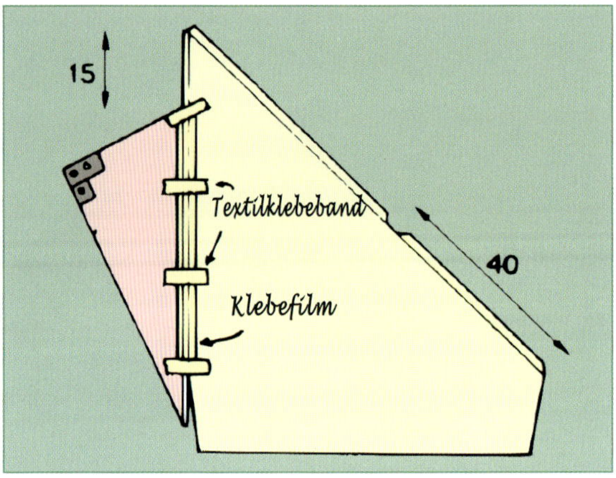

Bild 2: Maße in cm

3 Basteln Sie das Verbindungsstück für die Querspreize entsprechend Bild 3. Schneiden Sie das Schlauchstück in zwei Teile und stanzen Sie in beide Stücke auf einer Seite ein Loch. Benutzen Sie dazu einen glühenden Nagel (den Sie selbstverständlich nur mit einer Zange festhalten). Wenn Sie nicht mit glühend heißen Gegenständen arbeiten möchten, können Sie das Verbindungsstück auch anders konstruieren. Sie brauchen dazu für jede Seite ein 5 cm langes Stück Gartenschlauch

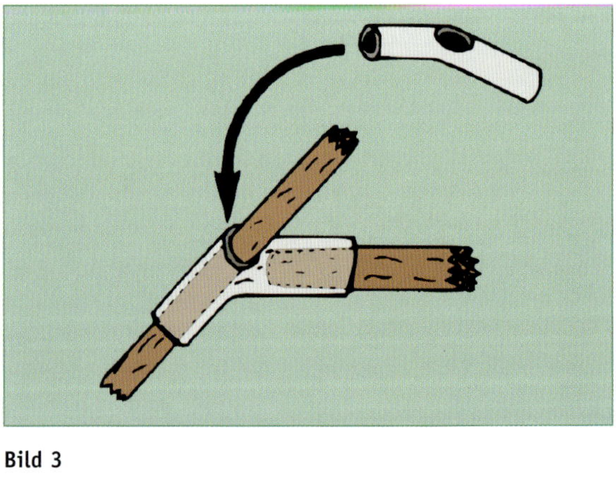

Bild 3

mit 6 mm und eines mit 8 mm Innendurchmesser. Ritzen Sie mit einem Messer einen Schnitt in das größere Stück Schlauch und stecken Sie das kleinere, wie in Bild 4 gezeigt, hindurch, sodass das Ende des kleineren durch den Einschnitt wieder heraustritt. Mit ein wenig Flüssigseife geht das leichter.

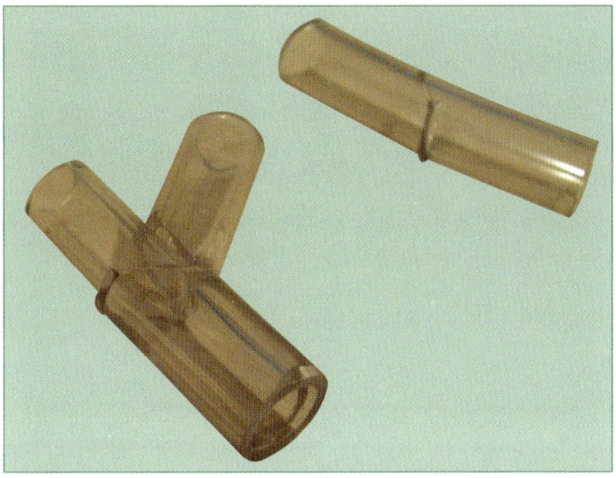

Bild 4

4 Befestigen Sie die beiden Verbindungsstücke nun in der jeweiligen Mitte der 75 cm langen Leitkanten (siehe Bild 6). Dafür brauchen Sie unter Umständen etwas Kraft. Einfacher geht es, wenn Sie den Stab an einer Tischkante o.ä. bis zum gewünschten Punkt hinunterschieben (Bild 5).

Bild 5

5 Bringen Sie das Gestänge am Segel an. Glätten Sie die Enden der Stäbe mit der Feile.

6 Basteln Sie die Hülle für den Kielstab und nutzen Sie dabei die überstehenden 2 cm: Falten Sie das Segel auf und befestigen Sie den Kiel in der Mitte des Segels mit Klebeband. Befestigen Sie die 75 cm langen Stäbe jeweils in der unteren Ecke des Segels und sichern Sie sie an beiden Enden mit Textilklebeband (Bild 6 a).

7 Ordnen Sie die beiden Leitkanten so an, wie in Bild 6 b angegeben.

8 Basteln Sie die Hülle für die beiden Leitkanten, indem Sie die dafür vorgesehenen überschüssigen 3 cm des Segels umklappen. Schneiden Sie an den beiden Verbindungsstücken der Leitkanten jeweils ein Dreieck aus dem Segel und befestigen Sie den überstehenden Rand der Leitkanten gut mit Klebeband (Bild 6 c).

9 Ritzen Sie mit einem Cutter zur Stabiliserung senkrechte Linien in die „Flaps", die überstehenden Segelenden (Bild 6 d). Stecken Sie nun die Querspreize in die Haltevorrichtungen (Bild 6 e). Sie muss so lang sein, dass die Flügel noch beweglich genug sind, um sich im Flug zu einem Winkel aufzustellen.

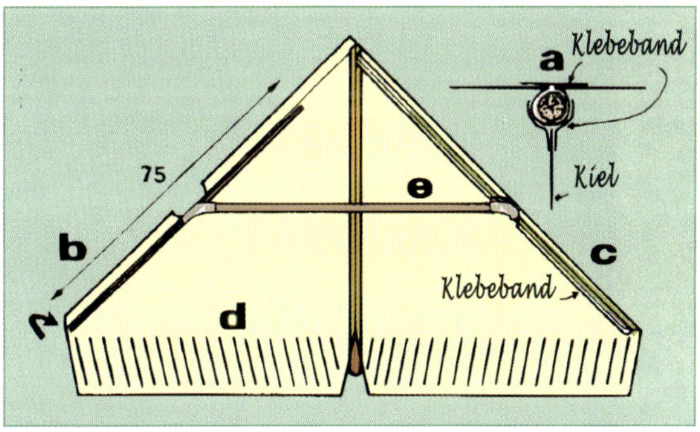

Bild 6: Maße in cm

10 Stanzen Sie am Ende des Kiels drei Löcher ein. Bei starkem Wind benutzen Sie das Loch, das der Drachennase am nächsten ist, bei schwächerem Wind das Loch, das den Flaps am nächsten ist.

11 Ein Schwanz ist beim Delta nicht notwendig. Die Fransen am unteren Ende des Segels übernehmen die stabilisierende Funktion. Sie können allerdings am Ende des Kielstabs einen Streifen anbringen, dessen Länge Sie selbst bestimmen können. Wir haben schon Streifen von mehr als 70 Metern Länge gesehen!

Wichtige Tipps für Drachenpiloten

Kontrollieren Sie Ihren Drachen und Ihr Werkzeug, bevor Sie das Haus verlassen. Es ist immer ärgerlich, wenn Sie erst auf der Wiese feststellen, dass Sie etwas vergessen haben. Einen ordentlichen Drachenflug plant am besten schon am Abend vorher (siehe Kasten auf S. 57 unten).

Wählen Sie das geeignete Flugfeld sorgfältig aus. Wind allein genügt nicht – er sollte regelmäßig wehen und es dürfen keine Turbulenzen vorhanden sein. Nehmen Sie die Turbulenzen ernst, sie können Ihnen erhebliche Schwierigkeiten bereiten: Wenn der Wind auf ein Hindernis trifft oder, wie in Bild 1, auf einem Hügel weht, dann teilt sich die Luftströmung, wird langsamer und schlägt in Bodennähe viele verschiedene Wege ein. Unter diesen Bedingungen ist es viel schwieriger, den Drachen in die Luft zu bekommen.

Was ein gutes Drachenflugfeld auszeichnet:

1. Keine Bäume, Häuser oder andere Hindernisse im Rücken. Ein Baum kann in seiner Umgebung Turbulenzen vom 10- bis 12-fachen seiner Höhe erzeugen.
2. Auch keine Hindernisse in anderen Richtungen. Vorsicht ist, wie schon erwähnt, bei Bäumen

Bild 1: Der rechte Pilot hat sich den falschen Punkt zum Drachensteigen ausgesucht. Ein Stück weiter links würden sich viele seiner Probleme lösen und er hätte außerdem Gesellschaft.

geboten, die berüchtigte „Drachenkiller" sind, aber auch bei Häusern und Straßen in der Nähe. Eisenbahnlinien und besonders Flugplätze sind absolut „tabu"!

3. Meiden Sie auf jeden Fall Hochspannungsmasten – hier besteht Lebensgefahr!

Generell sollten Sie die Entfernung zwischen sich und dem nächsten Hindernis abschätzen und Ihren Drachen nie in Richtung des Hindernisses steigen oder fliegen lassen. Seien Sie besonders vorsichtig, wenn Sie den Drachen in der Nähe einer Menschenmenge steigen lassen.

Schauen Sie sich das Flugfeld genau an. Sie müssen schnell den Platz wechseln können, zum Beispiel wenn sich der Wind dreht, und dabei sollten Sie auf Ihre eigene Sicherheit achten. Vergewissern Sie sich, dass das Feld gut begehbar ist. Achten Sie darauf, dass sich keine „Fallen" in Form von Löchern, Gräben, herausstehenden Steinen, rutschigen Pflanzen o.ä. dort verbergen. Wir raten auch davon ab, den Drachen dort steigen zu lassen, wo das Gras über 30 Zentimeter hoch ist, denn wenn der Drachen dort abstürzt, verheddert sich die Schnur und es ist meist schwer, ihn wieder heil zu bergen.

Achten Sie auf die Windrichtung und richten Sie Ihre Drachen entsprechend aus. Es ist durchaus verständlich, wenn Sie sich darauf freuen, Ihren ersten Drachen so schnell wie möglich in die Lüfte steigen zu sehen; aber es ist besser, sich etwas mehr Zeit zu nehmen, um die Waagen, Schwänze und anderes einzustellen, damit Ihr Drachen richtig starten, gut fliegen und vor allem später wieder heil landen kann.
Wenn der Wind stark weht, verstellen Sie die Waage, indem Sie den Waagering in Richtung der Nase schieben. Der Drachen erhebt sich dann zwar nicht mehr ganz so mühelos, aber dafür hält er Windböen eher stand. Weht nur eine leichte Brise, dann verschieben Sie den Ring in Richtung Schwanz. Der Flug wird zwar etwas unstet, aber dafür lässt sich mit dem wenigen Wind schon genug anfangen. Wenn Sie Schwänze haben, regulieren Sie deren Länge immer entsprechend der Windstärke (starker Wind = langer Schwanz; schwacher Wind = kürzerer Schwanz): Dazu reichen eine Schere und Klebeband oder etwas Klebstoff. Die optimale Flugposition werden Sie erst nach einigen Versuchen finden. Bewegen Sie den Waagering immer nur ganz wenig (höchstens um 3–4 mm). Manchmal genügt schon eine kleine Veränderung am Ring, um den Flug erheblich zu verbessern.

Die Ausrüstung für den „Flugbetrieb"

Der große Moment ist gekommen: Ihr Drachen ist zum Abflug bereit. Aber bevor Sie ihn steigen lassen, vergewissern Sie sich, dass Sie sowohl für den Flug als auch für kleinere Reparaturen die notwendige Ausrüstung dabei haben.

Für Reparaturen

- Schere
- Cutter oder Allzweckmesser
- Spitzbohrer (um feste oder schwierige Knoten aufzutrennen)
- Klebstoff
- Bleistift
- Lineal
- Einige Stücke Segel (Papier, Folie)
- Nadel und Faden

Zum Drachensteigen

- Leine und Spule
- Ein paar Waageringe
- Wirbel und Karabinerhaken
- Zusätzliche Schwänze
- Mütze (als Sonnenschutz)
- Sonnenbrille
- Arbeitshandschuhe (wenn Ihr Drachen sehr groß ist)

Haben Sie alles? Dann auf zum nächsten Feld oder zur nächsten Wiese und guten Wind!

Ab in die Lüfte

Wenn Sie schließlich den geeigneten Startplatz gefunden haben, packen Sie Ihren Drachen aus und ziehen Sie ihn mit dem Rücken zum Wind hinter sich her. Wie? Er fliegt nicht? Vielleicht sollten Sie vorher noch die nachfolgenden Zeilen lesen.

Der Start mit „Assistenz"

Für diese Methode braucht man keine besonderen Fähigkeiten, sie eignet sich daher besonders gut für Anfänger. (Wir alle haben so unsere ersten Kämpfe gegen den Wind ausgetragen.) Auch Profis bedienen sich dieser Methode, wenn sie besonders komplizierte und sperrige Modelle starten lassen. Sie eignet sich auch, wenn ein Drachen abgestürzt ist und Sie sich nicht die Mühe machen möchten, die ganze Leine wieder aufzurollen.

Und so geht's:

Befestigen Sie die Leine an der Waage und rollen Sie 10–15 Meter Schnur ab. Jetzt brauchen Sie einen „Assistenten" (Vater, Bruder, Schwester, Freund). Dieser nimmt den Drachen in die Hand und hält ihn mit der Nase nach oben, mit der Waage in Ihre Richtung und gegen die Windrichtung, bis sich die Schnur spannt. Achtung: Der Drachen darf nicht in die Höhe „geworfen" werden, sondern soll dem Assistenten nur langsam aus der Hand gleiten, sobald der Pilot das vereinbarte Zeichen gibt. Den Rest erledigen der Wind und die gespannte Schnur.

Der „Solo-Start"

Mit ein bisschen Übung werden Sie keinen Assistenten mehr brauchen, der Ihnen hilft, den Drachen in die Luft zu schwingen. Es genügt, wenn Sie sich mit dem Rücken zum Wind stellen, bis dieser den Drachen ergreift. Dabei wickeln Sie ganz langsam die Schnur ab. Auch der Körper des Piloten erzeugt eine Turbulenz, wenn der Wind gegen ihn bläst. Deshalb müssen Sie den Drachen beim Start seitlich oder über dem Kopf halten. Wenn der Drachen in der Luft ist, geben Sie ihm langsam Schnur. Er braucht mindestens 5–6 Meter, um sich auf die Windverhältnisse einzustellen. Wenn der Wind stärker weht, braucht der Drachen mehr Schnur, um den Böen standzuhalten. Gehen Sie langsam vor, damit der Drachen nicht ins Trudeln kommt und abstürzt.

Start mit Anlauf

Viele Drachenfluganfänger (oder besser „Nicht-Drachenpiloten") meinen, man müsse schnell wie der Wind rennen, um einen Drachen steigen zu lassen. Wie Sie bereits auf dieser Seite erfahren haben, ist das nicht notwendig. Manchmal kann ein kleiner Spurt allerdings nützlich sein, wenn am Boden kein Lüftchen weht, aber die Blätter hoch oben in den Bäumen rascheln. Bestimmen Sie die Richtung, aus der der Wind kommt, und rennen Sie gegen die Windrichtung; dabei geben Sie beständig immer mehr Schnur. Wenn alles gut geht, wird der Drachen von der Strömung der Luft nach oben getragen und hält sich von allein oben. Es kann aber auch passieren, dass Sie über das ganze Feld rennen, nur um zu sehen, wie der Drachen wie ein welkes Blatt auf den Boden fällt. Machen Sie sich nichts daraus.

Der „Autopilot"

Oft sind die Windbedingungen so günstig, dass es sich lohnen würde, einige Ihrer Modelle gleichzeitig steigen zu lassen, wenn Sie nur genügend Piloten dazu hätten.

Wenn Sie keine Freunde einspannen können, dann benutzen Sie einen Drachen als „stationären Drachen", der auf einer bestimmten Höhe fliegt, wo der Wind gleichmäßig und beständig weht.

Befestigen Sie die Leine dieses Drachens am Boden und sichern Sie sie mit einem schweren Gegenstand (einem in den Boden gerammten Pflock, einem größeren Stein, mit einem Sonnenschirmständer o.ä.), dann lassen Sie einen zweiten Drachen steigen. Mit ein bisschen Übung wird es Ihnen gelingen, einige Drachen in der Luft zu halten –

aber Achtung: Lassen Sie genügend Abstand zwischen den einzelnen Drachen und kontrollieren Sie sie ständig um Unfälle zu vermeiden.

Die Flugposition und die Grundmanöver

Sie wissen vielleicht, dass sich mit Einleinern nur sehr wenige Manöver durchführen lassen. Den Flug zu kontrollieren ist nicht schwer: Die Höhe regulieren Sie, indem Sie dem Drachen mehr oder weniger Schnur geben, und die Position, indem Sie den Drachen entweder zu sich heranziehen oder für einen Augenblick die Schnur nicht mehr straff spannen.

Die grundlegenden Einstellungen, mit denen Sie Ihren Drachen dem Wind anpassen, nehmen Sie durch die entsprechenden Einstellungen der Waage vor (siehe Kasten auf S. 13).

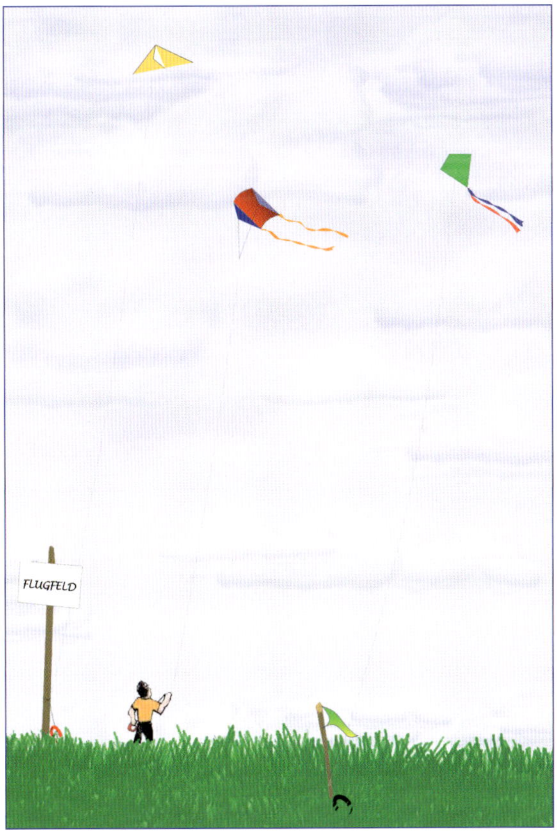

Bild 1: Der Autopilot. Lassen Sie Ihre Drachen nie aus den Augen!

Höhe gewinnen

Wie schon erwähnt, müssen Sie nicht rennen, um Ihren Drachen höher steigen zu lassen. Als Pilot können Sie sich ruhig entspannen und müssen nur ständig die Flugposition Ihres Modells kontrollieren, sozusagen „mit dem Wind spielen". Der Drachen gewinnt allein an Höhe, solange Sie am Boden die richtigen Entscheidungen treffen. Damit der Drachen bei schwachem oder mäßigem Wind an Höhe gewinnt, können Sie die Technik des „Ziehens und Loslassens" anwenden.

1. Rollen Sie einige Meter Schnur ab. Der Drachen wird, vom Wind getragen, entweder seine Höhe beibehalten oder etwas absinken.
2. Hören Sie auf, Schnur zu geben, und warten Sie darauf, dass die Schnur sich spannt. Der Drachen steigt dann schnell höher und zwar in einem Winkel, der größer ist, als wenn Sie ihm einfach weiter Schnur gegeben hätten. Um ihm zu „helfen", können Sie den Steilflug steigern und ein Stück Schnur wieder aufrollen oder einige Schritte rückwärts gehen. (Aber passen Sie auf, wo Sie hinlaufen!)

Wenn Sie dieses Vorgehen einige Male wiederholen, steigt der Drachen in kürzester Zeit in beachtliche Höhen. Die maximale Höhe haben Sie erreicht, wenn das Gewicht des Drachens und der gespannten Schnur gleich der vom Segel geschaffenen Auftriebskraft ist. Wenn Sie mehr Schnur geben, neigt sich der Drachen in die Waagerechte und steigt nicht mehr höher. Diese Situation sollten Sie unbedingt vermeiden, denn der Drachen reagiert dann nicht mehr auf Ihre Lenkversuche und die Schnur könnte sich an einem Hindernis am Boden verheddern, dabei reißen oder weitere Schäden verursachen. Also lassen Sie den Drachen nicht zu hoch steigen und halten Sie die Schnur immer schön gespannt.

Einstellungen

Wenn Sie auf dem Flugfeld noch andere Drachen vorfinden, passen Sie auf, dass sich ihre Schnüre nicht ineinander verfangen, denn sonst könnten sie durch die Reibung reißen. Wenn Sie das Feld überqueren, gehen Sie hinter den anderen Piloten vorbei, wenn Ihr Modell höher fliegt als die der anderen. Wenn Ihr Drachen niedriger fliegt oder weiter von Ihnen weg ist, verfahren Sie umgekehrt. Bedenken Sie: Falls sich die Schnüre doch einmal verfangen, so schaden Sie beiden Drachen mehr, wenn Sie von Ihrem Platz aus verzweifelt versuchen, die Schnüre auseinanderzubekommen. Gehen Sie lieber auf den anderen Drachenpiloten zu und entwirren Sie das Knäuel „auf Mannshöhe". Wenn die Situation sehr verworren ist, holen Sie die Drachen herunter und entwirren Sie die Fäden in Ruhe am Boden. Übrigens eine gute Gelegenheit, um den einen oder anderen Kontakt zu knüpfen.

Was tun, wenn es „kritisch" wird?

- *Wenn der Drachen sich „vom Himmel schraubt" oder plötzlich mit der Nase nach unten zeigt,* ziehen Sie die Schnur nicht auf sich zu, sondern geben Sie im Gegenteil mit einem Ruck mehr Schnur und lassen Sie es zu, dass die Spule nach und nach ausrollt und die Leine in Windrichtung zieht. Der Drachen wird sich von allein wieder in Position bringen. Wenn nicht, ist die Waage zu steil oder es ist etwas kaputt. In einem solchen Fall müssen Sie den Drachen herunterholen, um die nötigen Feinabstimmungen oder Reparaturen vorzunehmen. Wenn der Drachen sich dann immer noch nicht lenken lässt, versuchen Sie, ihn langsamer zu machen, indem Sie ihm Schnur geben, wenn er sich dem Boden nähert, wie vorher beschrieben. Viel Glück! Ihre Reparaturausrüstung haben Sie doch sicher dabei?!
- *Wenn der Drachen an Höhe verliert oder nur langsam steigt,* reicht die Windstärke für die Position nicht aus. Wickeln Sie die Schnur schnell wieder auf, bis Sie Spannung spüren, und versuchen dann mit einem leichten Ruck, den Drachen in eine steilere Position zu bringen. Mit etwas Glück und Geschick steigt er wieder. Wenn er allerdings abstürzt, versuchen Sie, die Waage in eine steilere Position zu bringen.

Versuchen Sie nicht, einen abgestürzten Drachen zu sich heranzuziehen. Die Waage, der Schwanz oder andere Teile könnten sich an einem Hindernis verfangen und kaputt gehen. (Auch Ihre gespannte Schnur könnte zum Fallstrick für andere werden.) Gehen Sie auf den abgestürzten Drachen zu und wickeln Sie dabei die Schnur auf oder schicken Sie einen Ihrer Assistenten los, um den Drachen zu holen. Wenn er nicht beschädigt ist, können Sie sofort einen neuen Flugversuch starten. Lassen Sie Ihren Drachen nie aus den Augen und seien Sie immer bereit, auf Windveränderungen oder andere Störungen einzugehen. Viele Piloten „vergessen" ihr Modell am Himmel, weil sie es einfach irgendwo anbinden und dann etwas essen gehen oder sich mit Freunden unterhalten. Bei der Rückkehr stellen sie womöglich fest, dass sich der Wind geändert hat, der Drachen abgestürzt ist und einige hunderte Meter kreuz und quer verteilte Schnur wieder aufzuwickeln sind.

Ein eingerissenes Segel reparieren

Jeder Drachenpilot wird früher oder später den einen oder anderen kleinen Unfall mit seinem Drachen haben. Keine Sorge, das passiert selbst den erfahrensten Piloten.
Wenn der Drachen im Flug zu Schaden kommt oder eine „unsanfte Landung" hinter sich hat, ist es wichtig zu wissen, wie man im Freien zumindest die kleinen Schäden reparieren kann. Am häufigsten leidet das Segel, es bekommt kleine Risse oder Schnitte. Das passiert besonders bei Drachen, die aus einfacheren Materialien wie Papier oder Mülltüten, gebastelt sind. Oft sind die Schäden nicht so schlimm, wie sie auf den ersten Blick aussehen, und selbst ein größerer Riss lässt sich in Kürze ordentlich flicken.

Wenn das Segel aus Kunststoff ist, brauchen Sie nur eine Schere und Klebeband. Wir empfehlen Ihnen, immer ein paar Rollen Paketklebeband verschiedener Breiten (2 bis 6 cm) mitzunehmen. So haben Sie wahrscheinlich gleich einen Flicken in der richtigen Größe zur Hand. Vermeiden Sie den üblichen durchsichtigen Klebefilm, er reißt zu leicht.

So wird's gemacht: Schneiden Sie ein Stück Klebeband zurecht, das den Riss komplett überdeckt. Glätten Sie das Segel an der beschädigten Stelle vorsichtig mit der Schere und befestigen Sie dort den Flicken. *Passen Sie auf, dass das Segel nicht weiter einreißt.* Wenn Sie das Klebeband an der falschen Stelle anbringen, lässt es sich schwer wieder entfernen und richtet unter Umständen nur einen größeren Schaden an.

Bei Segeln aus Papier (egal welcher Art) ist die Reparatur etwas aufwändiger, aber Sie haben mehr Möglichkeiten.

Das brauchen Sie dazu:

- Einige Stücke Seidenpapier, vorzugsweise weiß oder in der gleichen Farbe wie das Segel
- Flüssigen Klebstoff (im Freien eignet sich Alleskleber besonders gut)
- Bleistift
- Schere
- Eine gebrauchte Telefonkarte

So wird's gemacht (siehe Bild 2):

1. Legen Sie das beschädigte Segel auf eine ebene Fläche. Wenn Sie die defekte Stelle gefunden haben, schneiden Sie einen Flicken aus, der den Riss bedeckt und an allen Seiten noch 1–2 cm übersteht.
2. Verteilen Sie den Klebstoff gleichmäßig auf dem Flicken. Dazu können Sie von einer alten Telefonkarte ein kleines Stück von einigen Zentimetern Länge abschneiden und dieses als „Pinsel" benutzen.
3. Legen Sie den Flicken so auf das Segel, dass er die eingerissene Stelle vollständig bedeckt, und passen Sie dabei auf, dass Sie das Segel weiter beschädigen.
4. Drücken Sie den Flicken mit der Hand fest auf das Segel. Wenn der Klebstoff noch flüssig genug ist, dringt er in die Fasern des Segels und des Flickens ein. Dadurch wird das weiße Seidenpapier durchsichtig und Ihre Reparatur ist dann nicht zu sehen. Wir empfehlen Ihnen, Reparaturen immer auf der Rückseite des Segels vorzunehmen.
5. Wenn der beschädigte Teil verziert war, malen Sie die Verzierung mit einem Filzstift der gleichen Farbe nach. Das können Sie allerdings auch in aller Ruhe zu Hause machen.

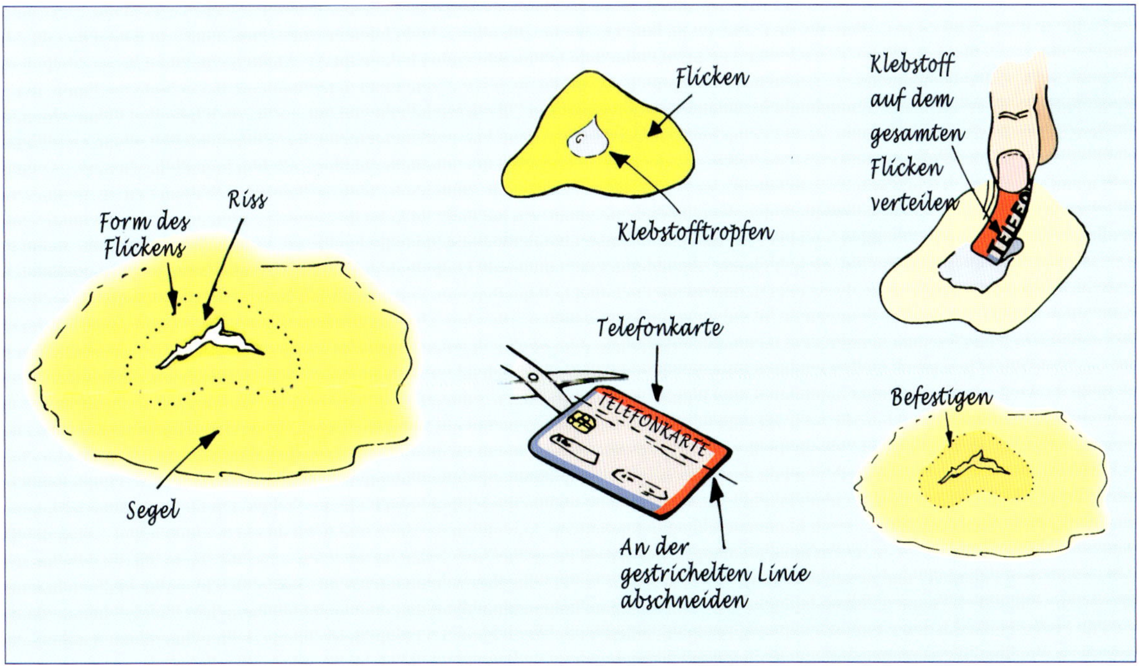

Bild 2: Die Reparatur des Segels

Alles für die Sicherheit

Leitfaden für einen guten Drachenpiloten

Ein Drachen kann viele schöne und anregende Stunden in freier Natur bescheren. Wenn er allerdings schlecht oder von einem unaufmerksamen Piloten gelenkt wird, kann er auch für einige Unannehmlichkeiten sorgen.

ACHTUNG:

Schon wenn Ihr Drachen einer Stromleitung sehr nahe kommt, können Sie einen elektrischen Schlag bekommen, auch wenn der Drachen die Leitungen noch gar nicht berührt. Wenn sich Ihr Drachen in einer Stromleitung verfangen hat, sollten Sie den zuständigen Stromversorger benachrichtigen. Wahrscheinlich müssen Sie für den Einsatz bezahlen, aber das ist immer noch besser, als Ihr Leben zu riskieren.

Was Sie vermeiden sollten

1. **Ungeeignet zum Drachensteigen: die Nähe von Straßen oder überfüllten Plätzen.** Sie können sich vorstellen, was passieren kann, wenn Ihr Drachen mit einem Passanten zusammenstößt oder einen Autofahrer ablenkt. Einige Piloten von Lenkdrachen versuchen sich gegenseitig durch gewagte Landemanöver zu übertreffen: Dabei können sich die Leinen eines Drachens in regelrechte Klingen verwandeln.

2. **Nie in der Nähe eines Flugplatzes!** Drachen in der Nähe einer Landebahn steigen zu lassen, kann den Flugverkehr gefährden. Ein Modell, das Karbonrohre oder Metallteile enthält, kann sogar die sehr sensiblen Radargeräte stören. Informieren Sie sich beim nächsten Aeroclub über geltende Regelungen und Einschränkungen. Normalerweise sollte Ihr Drachen nicht über 50 Meter hoch fliegen und keinesfalls in die Nähe von Landebahnen und Towern gelenkt werden.

3. **Gefährlich: Telefon- und Stromleitungen!** In Telefonleitungen kann sich Ihr Drachen derart verheddern, dass Sie ihn vielleicht nicht mehr heil zu Boden bringen können. Stromleitungen sind sogar lebensgefährlich: Die elektrische Spannung solcher Leitungen kann bis zu 380 Kilovolt (380.000 Volt) erreichen.

4. **Halten Sie sich von Bäumen fern!** Bäume sind berüchtigte „Drachenkiller". Wenn der Wind in ihre Krone bläst, entstehen Turbulenzen, die die Drachen unvorsichtiger Piloten anziehen, sodass sie sich hoffnungslos in den Zweigen verheddern.

5. **Nie während eines Gewitters!** 1752 bewies Benjamin Franklin die Existenz von atmosphärischer Elektrizität, indem er während eines Gewitters einen Drachen steigen ließ, bis ein Blitz in dessen Metallstäben einschlug. Die Verbindung von Stäben und Schnur auf nassem Grund funktioniert wie ein Blitzableiter (den Franklin erfunden hatte). Wenn Sie am Horizont Regenwolken sehen, holen Sie den Drachen ein, wickeln Sie die Schnur auf und gehen Sie nach Hause. Starten Sie Ihren nächsten Versuch bei besserem Wetter.

6. **Nicht „schlafwandeln"!** Wahrscheinlich sind Sie gern mit dem Kopf bei Ihrem Drachen – in den Wolken. Wenn Sie sich allerdings nur mit starrem Blick auf den Drachen im Gelände bewegen, könnten Sie stolpern oder eine andere Person umrennen.

7. **Nicht übertreiben!** Einige Lenkdrachen erreichen Geschwindigkeiten von mehr als 100 km/h. Andere können ihren Piloten auf einem Surfbrett oder auf einem sogenannten „Buggy" mit sich ziehen. Diese Modelle sollten aber nur dort benutzt werden, wo wirklich genügend Platz dafür ist – was leider eher selten der Fall ist.

Spiele mit Drachen

Drachensteigen ist an sich schon ein Spiel. Wenn es Ihnen allerdings zu langweilig wird, den oder die am Himmel stillstehenden Drachen zu beobachten, können Sie sich und Ihre Freunde auch zu einem Spiel herausfordern. Hier stellen wir Ihnen einige Spiele für das Flugfeld vor. Natürlich können Sie jederzeit eigene erfinden.

Blitzstart

Jeder Teilnehmer erhält eine Spule einer bestimmten Länge (z. B. 100 m). Die Drachen liegen am Boden. Auf das Signal des Schiedsrichters lassen die Teilnehmer ihre Drachen steigen. Es gewinnt derjenige, der zuerst die komplette Schnur abgerollt hat. Auch in diesem Fall sollten die Spieler idealerweise das gleiche Drachenmodell benutzen.

Luftkampf

Es handelt sich um einen echten Luftkampf, was die Fans des Roten Barons erfreuen wird. Man benötigt dazu zwei oder mehr Drachen mit einem Segel aus Seidenpapier, die nur mit Schwanz fliegen können. Auch der Schwanz sollte aus Seidenpapier sein. (Rautendrachen eignen sich dafür sehr gut.) Der Kampf wird in zwei vorher zeitlich festgelegte Abschnitte (z. B. 20 Minuten) unterteilt. Zwischen den beiden Runden bekommen die Piloten etwas Zeit, ihre Waagen neu einzustellen oder Notfallreparaturen vorzunehmen. Die Mitspieler werden in zwei Teams eingeteilt und starten die Drachen auf ein Signal des Schiedsrichters. Ziel des Spiels ist es, mit dem eigenen Drachen den gegnerischen Drachen zum Absturz zu bringen, entweder mit Hilfe der eigenen Leine oder indem der eigene Drachen den Schwanz des gegnerischen Drachens „einfängt".

Wettrennen im Wind

Dieses Spiel eignet sich besonders für Tage, an denen nur eine leichte Brise weht, sonst wäre es zu einfach. Der Schiedsrichter bestimmt, aus welcher Richtung der Wind weht, und malt dementsprechend quer über das Feld eine Startlinie auf. Alle Mitspieler verteilen sich dahinter. Der Schiedsrichter überquert das Feld und malt am gegenüberliegenden Ende eine weitere Linie parallel zur ersten und gibt das Startzeichen. Die Mitspieler lassen ihre Drachen steigen, rennen dann in Windrichtung los und versuchen dabei, ihre Drachen in der Luft zu halten. Wenn ein Drachen abstürzt (bei schwachem Wind wird das oft passieren), muss der Pilot ihn einsammeln und dort wieder starten, wo er vorher stand. Es gewinnt derjenige, der die Ziellinie zuerst überquert.

Schon als Kind gehörten Drachen zum Lieblingsspielzeug von **Massimo Mula**, auch wenn er damals noch herzlich wenig über ihre Konstruktionsweise wusste. Die Leidenschaft für Drachen trat noch viele Jahre in den Hintergrund, denn der Autor beschäftigte sich zunächst mehr mit Informatik und Computern.

Während seiner Studienzeit bekam Massimo Mula jedoch im Jahre 1994 ein unerwartetes Geschenk: ein Buch über den Drachenbau. Und damit war es um ihn geschehen. Schon nach ein paar Wochen bastelte er seine ersten Minidrachen (10 x 10 cm) und ließ sie in den Straßen und Gärten seiner Heimatstadt fliegen. Innerhalb weniger Monate baute er verschiedene neue Prototypen und erfand alte Modelle neu.

1998 gründete Massimo Mula den Club „I Piccoli Pirati dell' Aria" (Die kleinen Luftpiraten)

http://www.piccolipirati.it

in dem er immer wieder Bastel-Workshops für Kinder anbot. Mit der Zeit erweiterte er seine Interessen und beschäftigte sich auch mit Papierfliegern und Origami, der traditionellen japanischen Papierfaltkunst.

2005 musste er sich allerdings einer noch zeitaufwändigeren Tätigkeit widmen: Er wurde Vater. Massimo Mula würde sich natürlich freuen, wenn in ein paar Jahren einer seiner kleinen „Lehrlinge" in seine Fußstapfen treten könnte.

IMPRESSUM

Copyright 2009 by Tipress Dienstleistungen für das Verlagswesen GmbH, 79295 Sulzburg
Übersetzung: Sandra Pohley
Redaktionelle Bearbeitung des deutschen Textes: Micha Ramm
Redaktion und Projektleitung: Infolio S.a.S., Turin (Italien)
Satz und Layout: Prograf, Turin (Italien)

Foto- und Zeichnungsnachweis:
Seiten 17, 23, 53 Jupiterimages.
Seiten 1, 2, 26, 35, 39, 45, 47, 64, Gianfranco Mula.
Seiten 5, 8, 9, 10, 11, 13, 19, 20, 21, 24, 27, 28, 29, 31, 32, 33, 36, 37, 40, 41, 43, 44, 45 (Abb. 6 und 7), 48, 49, 50, 51, 53, 55, 56, 59, 61, Massimo Mula.
Seiten 54, 55 Oliviero Olivieri.
Seite 3, 14/15, 63, RTimages
Seiten 18, 42, 44 (Abb. 2 und 4), 48 (Zeichnung), Luciano Spaggiari.
Seite 6, Anna Laura Toso.
Seite 30, Club Zeppelin – Campofilone (Ascoli Piceno)

Projektmanagement: Susanne Pypke
Gestaltung Umschlag: Petra Theilfarth
Druck: Delo Tiskarna, Ljubljana (Slowenien)

Auflage:	5.	4.	3.	2.	1.
Jahr:	2013	2012	2011	2010	2009

[Letzte Zahlen maßgebend]

ISBN 978-3-7724-5623-7 • Best.-Nr. 5623